成为主角

BE YOUR
OWN QUEEN

陈岚
——著

江苏凤凰科学技术出版社

图书在版编目（CIP）数据

成为主角 / 陈岚著 . -- 南京 : 江苏凤凰科学技术出版社 , 2019.11

ISBN 978-7-5537-7069-7

Ⅰ . ①成… Ⅱ . ①陈… Ⅲ . ①女性 - 人生哲学 - 通俗读物 Ⅳ . ① B821-49

中国版本图书馆 CIP 数据核字 (2019) 第 157684 号

成为主角

著　　者　陈　岚
责任编辑　陈　艺
责任监制　方　晨

出版发行　江苏凤凰科学技术出版社
出版社地址　南京市湖南路 1 号 A 楼，邮编：210009
出版社网址　http://www.pspress.cn
印　　刷　天津丰富彩艺印刷有限公司

开　　本　880mm × 1230mm　1/32
印　　张　7.5
插　　页　1
版　　次　2019 年 11 月第 1 版
印　　次　2019 年 11 月第 1 次印刷

标准书号　ISBN 978-7-5537-7069-7
定　　价　45.00 元

推荐序

（心理咨询师、作家　武志红）

能让我佩服的人不多，陈岚是一个。

我佩服的人中，大都带着点疯狂劲儿。在救助儿童时，陈岚展现出她的疯狂劲儿，也因此引起了巨大争议。其中一些人抨击她借慈善之名，为自己谋利益。然而她最激烈的反对者，也只能说她管理不善，并不能指责她在谋私利。实际上，她也没必要在这样的事情上谋私利，这是显而易见。当然，之所以没必要，是因为她才华横溢，她充满激情，她是十足的行动派，足可以靠才华、激情以及行动力吃饭。

陈岚一些文章中展现出的文字感，我是真心喜欢且佩服。

可以说，她是我们这个社会中一个大写的“人”，一个大写的“女人”。由她来讲女性，讲女性励志，讲女性如何在我们这个依然有浓厚重男轻女色彩的社会里保持清醒，保护自我，并在这两者的前提下成长，这再合适不过了。

跟目前市面上很多打着女性概念的作品不同，陈岚的《成为主角》言之有物，能够设身处地从女性角度出发，为女性的人生把脉，把影响女性命运的根源和模式谈得非常透彻、深入，并给予切实可行的方法论指导。可以让读者对女性个体以至群体的命运，有着更高层次更宽范畴的认知，同时根据自身性别、自身特点来定位自我，指导自己过上更美好更符合自己意愿的生活，即“拥有一个你说了算的人生”。

陈岚并没有单纯地讲女权要如何压倒男权，而是站在女性立场，从女性的角度和权益出发，以女性的一生为时间轴娓娓道来，告诉你该如何应对女人生命中可能遭遇到的各种问题。内容深入浅出，通俗易懂，感同身受，发人深省！

严格意义上讲，在此之前国内很难找到一部属于本土的女性主义原创著作。人们通过各种媒介与渠道所看到所接触到的，大多是国外译著或者专家论文，比如李银河女士关于女性的观点与概念，大多是通过论文的方式来呈现的。因此，陈岚的这部著作《成为主角》，也许是中国少有的真正意义上的原创女性主义著作。

在每个人度过的一生里，并不会是一帆风顺，风平浪静，反而可能充满挑战，步步荆棘。而女性的一生更是仿佛跟挑战结了缘，在每个年龄段，都要主动或被动地应对挑战。对于大多数女性来说，出生前出生后，不管你愿不愿意，都需要面对那些古老、陈旧的偏见。在精子卵子结合之前，有些长辈或许就已经在规划要生男孩来延续香火。当怀孕后到小孩出生前，有些人就通过祈福，通过药物，或通过技术，希望能生出男孩。甚至在出生后，即使性别已经成型，但人们的执念依然无法平息，所以，女孩当男孩养、女孩当男孩打扮的做法并不罕见。欲求不满的家长们以此来释放生男的愿景。

在这样的状况下，出生，长大，成人，对于一些女性来说，是一件多么不容易的事情。所以女人们请爱惜自己，同时也应当充满信心，因为你顺利来到这个世界本身，以及你的茁壮成长，已经战胜了传统观念中的偏见。

正如前文所说，陈岚不仅是才华横溢，她还是知行合一的行动派。作为公众人物，作为知名作家，她以果敢的实际行动，来践行自己保护妇女儿童权益的理念。

陈岚是个很细致的观察者，也是个极有天分的教授者。

近年来，她在帮助病弱的儿童与女性上，投入了大量的精力，为他们奔走呼号，出钱出力。与此同时，她还成为很多不幸者的“保护神”，承接他们的悲伤与无助，反哺以安慰和建议。这是很不容易的一件事，不仅需要有极大的耐心，还需要有顽强的生命力。

她像一个战士，在不断付出。在接触大量鲜活案例的过程中，她找到了很多女性生活不幸的本源，把它们挖掘出来，记录整理好，终于成就了这部作品《成为主角》，呈现在读者面前。

陈岚以自己的敏锐和睿智做好标记，提醒女性如何绕开障碍物。她的心里装着很多柔弱的女性，装着很多看似勇敢实则被现实的樊笼画地为牢的女性。于是，她拼命挤压自己的所思所得，把自己在人生路上的宝贵经验倾囊相授，只愿她们过得更好。这是我佩服她的另一点。

我也遇到过一些不能呈现出自己主体感的女性，她们不能鲜明地做自己，宁愿呈现他者。这种“呈现”是虚幻的，与内在本质发生冲突时，就会让人痛苦不堪。

恐惧、创伤以及它们带来的其他感受，会割裂人们与外在的联系，也会剥夺人们对幸福的感受。避免恐惧的最好办法，就是认清自己！

这个社会已经足够开放，但对女性来说，还存在着很多风险和危险。从一名刚出生的女童开始，社会就为女性设下了很多障碍。重男轻女的观念，求学路上的阻力，成年后职场上的骚扰与歧视，婚姻关系中的权利不对等……这些障碍只有被看见，被意识到，被化解，女性才能迎来真正的平等与自由。真实地面对这个世界，才能面对真实的自己，这是自我成长的重要一步。

陈岚用锐利的笔触捕捉到了隐藏在虚幻面具下的生活真相，呼唤人们勇敢面对。她以极大的勇气承担起引路人的责任，这是一种英雄行为。

毫无疑问，这是一部值得期待的作品，也许会因此掀起新一轮女性作品的热潮。

祝愿《成为主角》这本书，能够帮助更多迷茫中的女性，让她们过上更有质量的生活！

自序

这些年，我一直尝试帮助一些孩子。太艰难了！当加害人是孩子的监护人时，就更加艰难。

站在风暴里，企图抓住的每一朵生命之花，最终都从掌心离散，化为灰烬。

每一个凋零伤残的孩子身后都有一个电影《盲山》中的母亲——无助、无知，更无力。

这样的母亲不仅不能保护她的孩子，甚至连自己也不能保护。

于是我试着去帮助母亲。我行走在地心深处，循着涌动的地脉之火，越走越接近真相——这些无助无力的母亲，扮演着两个角色，既是受害者也是加害者。她们往往是家族中被牺牲、被伤害的那个孩子；等到成为母亲，又在孩子身上复制了自己的遭遇。

我终于明白，呵护女孩，要从呵护母亲开始；教育女孩，要从教育母亲开始。而教育母亲，意味着要重新养育母亲们心灵深处那个曾经无助的自我；那个身处绝望童年，在千疮百孔的家庭中代际轮回的小女孩。

“切断轮回”是童年不幸的女性可以做的最重要的一件事。这本书，我希望不仅可以帮助父母找到养育女儿的方法，也能帮助女人们重新“养育”自己。

在这些年的调查、访问和实际接触里，我遇到了太多的不正常家庭，但这些家庭却被社会文化默认、接受。有些家庭成员的做法明显不妥，甚至可以说是在作恶，却依然得到了周围人或某些媒体的理解和支持。

所以，我们的“养育”，需要从告诉女孩子们什么是“正常的家庭”开始。

正常的家庭，应该是“母慈，父爱，子女友好”。

传统如此，现代文明亦如此。

为人父母的，兢兢业业工作，不沾染恶习，尽量按时回家，工作之外最重要的事情是陪伴家人，养育幼儿。

在对孩子的养育过程中，父母要做到幼时充分陪伴，生活上给予呵护；少时则教育有方，助其成长。

成年时，父母从储蓄中拿出早已预备好的金钱，赠予子女，子女或买房置业，或投资发展事业，或顺利婚嫁。

在这之后，父母逐渐放手，只在子女的人生关键点上提点一二，不同住，不干预，不控制。

很多欧美家庭如此，中国的正常体面家庭亦如此。

而在我接触的那么多有问题的家庭中，导致家风不正的最多原因就是“重男轻女”。

在这样的家庭结构里，父亲如魔龙盘踞在上，母亲如奴仆般隐形，忠实执行父亲的意愿；或父亲直接“消失”，留下一个虽能干但内心绝望的母亲，独力养育孩子。

在这样的家庭结构里，因为父亲拥有绝对权力，他一旦沾染黄赌毒，或好吃懒做，家道必然沦落，全靠母亲苦苦支撑。如果母亲绝望，自谋出路，剩下的孩子则处境凄惨；如果母亲带着孩子出去闯荡，则母幼都格外艰难。

重男轻女家庭里长大的儿子会大概率复制父亲的模式，不仅容易成为长不大的“巨婴”，更可能一边享受女性的照顾，一边轻视女人；女儿则大多懦弱无助，哪怕长大成人出嫁后，也一心一意帮衬娘家，甚至因此激发自己小家的家庭矛盾，令自己的婚姻困难重重。从前我在乡村采风，见过太多这样的悲剧。

有一次我在江苏乡村，见到一对夫妻打架。妻子被丈夫掀翻在家门口的自留地里，一脸一身的泥巴，围了几十个村民，没有一个人去拉劝。矮壮结实的男人揪着女人的头发一次次朝泥水里按:“你是吃屎长大的？什么东西都往你娘家扒！”

因没人阻止，我忍不住要去打抱不平，同行的村干部拉住我：“这个女的，把她女儿上高中的钱都拿去给她弟弟还债了，是赌债。”她的女儿因为没钱交县城高中的寄宿费，急得要喝农药自杀。

后来村干部到底是上去喝止、拉劝了。

大约也是等着人给自己台阶下，那男的就势松了手，黑红的脸上也满是泥水脏污。有村民打了水来放在地上，叫他们夫妻洗脸。

女的爬起来去清洗，男的却木木地蹲在原地，似乎方才的暴虐耗干了他所有的精气神。他木然地望着地上，望着妻子在泥地里滚出的那个坑。

我顺着他的眼神看了很久。

那时的我还年轻，却也看明白了些世相。

在很多中国乡村，弟弟结婚可以要求姐姐出钱，生了孩子也要姐姐给红包或奶粉钱。等着孩子满月、周岁、上学，甚至成年之后的考大学、就业，这个男孩子，都可以理直气壮地朝姐姐张口要钱。

不仅这个家庭的所有资源要优先供给弟弟，还要优先供给弟弟的儿子。他们不仅可以汲取本家庭的资源，还可以借着姐姐们的婚姻，把索取的根系一直伸进姐姐的小家庭，不断汲取营养。

除非姐姐们有足够强大的觉知，能够自行切断这样的汲取。

但太难了。

这样家庭里长大的孩子，女儿被“制造”成女奴，儿子被“制造”成小皇帝。

女奴从小被植入了“扶弟魔”程序——毕生以奉献自己、掏空自己来供养哥哥或弟弟，以此换取父母那点滴可怜的认同，并且，她们自身还能甘之如饴。于是就会出现故事里的悲剧——自己女儿的学费，都能拿去给弟弟还赌债。这样的“扶弟魔”，哪怕读了很多书，在城市里上班生活也一样是“祸害”——在单位里，是最常见的那种三姑六婆，专门散布重男轻女的劣质价值观：

“女人啊，事业再成功，没有男人也是不行的！”

“你家就一个女儿，攒钱有啥用啊？”

“什么，你一个男的，在家还做家务？那你娶老婆是干吗的？”

而被全家资源供养出来的男人，通常情商极低，要么谄媚讨好得让人难以直视，要么霸道蛮横得人憎鬼厌。

我有一个上海女友，公司里新招了一个男同事。他刚来没几天，就在格子间里吃零食，吃泡面，还让女同事帮他收拾。

女同事一脸问号。

他理直气壮地说："你们女的不就是干这个的吗？"或者是："女孩子多学学做家务，我这是给你锻炼的机会，不然没人要你的！"

他恶臭的三观，真的把部门都熏晕了。最后好几个女同事联名去找上级抗议，这男的试用期没结束就被劝退了。他走的时候，还觉得自己很无辜。因为在他家里，真的就是这样的生活模式啊！

他有三个姐姐，在他的成长过程中，别说收拾桌子、洗碗了，连袜子都要姐姐给他穿！他去外地读大学，父母特意安排和他同一个城市的姐姐每周去他学校，帮他洗衣服、打扫卫生。

当谈到择偶观的时候，他得意扬扬地说："必须要能像我姐姐那样贤惠善良的。"

一个女同事愤愤不平："你怎么不回老家去找？现在上海可没有这种女孩子！"

他回答："上海有的是独生女家庭啊！我找一个单纯的、听话的，她不想做家务也行，叫我妈跟着我们住啊！或者她家里也可以出钱请保姆啊！"

他是认真的。

无数这样成长起来的男人在类似"扶弟魔"的新闻下，回忆自己把姐姐当牛马使唤的"美好温馨回忆"，然后总结："有姐姐真好！"

然而，已经长大成人的姐姐们是怎么想的呢？一个女孩给我讲了她的回忆：

小时候，家里所有的好吃的，都只能给哥哥和弟弟，是绝对轮不到我的。我长得最瘦，最矮。有一次在外面，别人给了我一个馍，我弟弟吃得很饱的，馍对他也不是什么稀罕东西，对我却是。我捏在手里想吃，我妈妈大声呵斥着叫我拿出来分给弟弟。那一次不知道为什么，我犯倔了，就是捏在手里不给。我妈妈瞬间暴怒，骂了我很久。我伏在膝盖上哭得泪流成河。过了一会儿，我屈服了，拿出馍来分给弟弟，可是我妈又怒了，再一次骂我，什么难听的话都说了……那个馍，我永远也不会忘记。

哪有不饿的孩子？哪有不馋嘴的孩子啊？

在理直气壮地剥夺了一个孩子的教育、健康甚至是生存机会时，还能把这样的剥夺，通过回忆粉饰得花团锦簇，充满温馨，姐姐们的“馍”，怕都是喂了狗吧！

流泪、饥饿且痛苦害怕的女孩，才是民间口述史的另外一面。而在绝大多数时候，女孩的声音都是缺失的。她们中的很多，能活下来已经不易。

这是弱者经历的悲苦真相，一点儿也不温馨，更不美好、不无私，只有眼泪、饥饿和被压抑的痛苦。

家庭是社会的缩影。如果每一个家庭都以男性和男性血亲为圆心，每一个圆心里，男性理所当然地获得一切资源，女性永远处在从属地位，只能服务，只能依附，整个社会里，女性们想获得认可、体现价值，就必须通过生育——而且是生育儿子才能实现，那么，这个世界再难进步。

新时代的经济、社会发展在不断地摧毁这些旧文化，但旧文化的惯性如此强大，透过无数的生活细节、话语习惯、公共语境，一次次地强迫人们回到腐朽的车辙上。

传统男性社会一直在动用文化、话语权驱赶女性走到他们设定的角色上。女性被剥离和否定一切生而为人的功能。

“哎呀，女人和哲学不能共存。哲学是费脑子的，费了脑子女人就不美了。”

“女人对这个世界应该尽的义务就是‘美’。”

还有不客气的：“女人懂那么多干吗，干得好不如嫁得好！”

最恶毒的：“女子无才便是德。”

世界名著《飘》里，女主人公郝思嘉的妈妈用温柔的规劝，黑人保姆用各种冷嘲热讽、威逼利诱，来驯服郝思嘉这个野性十足的女孩，让她乖乖接受“淑女人设”。

因为，只有淑女，才会有绅士娶啊！

郝思嘉的保姆强调，在旧时代，女性的唯一出路就是结婚嫁人。结婚嫁人的核心就是有男人能看中你，你能成为一个服务丈夫（男性），并为他生儿育女的“女人”。

这样的设定，把女人牢牢地钉在了从属者和服务者的位置上。这个设定是以男性的繁殖利益和基因利益为基础的。

数千年来，这个论断一直在世界各民族不同的社会里被提及、被重复，女性被褫夺了“性功能与繁殖功能”之外的所有发展空间。

直到150年前，女性权利运动崛起，女性开始奔走呼号，争取受教育的权利、婚姻自由的权利、生育自由的权利，以及财产权和选举权。

可能很难想象，这些艰难的抗争，仅仅发生在100多年前。也就是说，今天姑娘们习以为常的事——剪发，上学，求职，去银行存钱，穿短裙，穿比基尼，选择自己的另一半，与恋人在街头拥抱……在 100 年前，都可能会让你挨打、坐牢甚至丧命。

100 年很久吗？在历史长河里，只是朝夕。

100 年太短了，短到很多人还没学会以平等的姿态来看待女性。

学会如何文明地对待女性，是我们中华民族迈向文明，跃升世界民族之林前列的必修课。女性强，则民族强。

是时候了！

女孩别怕！我想写给每一个在成长中感到迷惘的女孩，写给每一个在原生家庭中饱受创伤的女孩……我们一起重新“养育”自己，共同成长。

改变自己，则能改变后代的未来——孩子的起点，在妈妈的手中。

目录 CONTENTS

第八课 分娩，拥抱最脆弱的你

第九课 成为自己的主角

跋·祝福

愿所有女性

都让自己的人生

成为一场真正的英雄之旅

楔子·苦痛的源头

女孩被羞辱，被虐待，被侵害，女性成长过程中遇到的层层叠叠的障碍，女性在职场中遭遇的天花板，女性面临的事业与家庭两难的困境……所有的一切问题，都指向一个核心——性别歧视。

当女孩被设定为“女奴”，男孩就会被养成“暴君”；女孩是讨好型的，男孩就是火药桶型的；男孩是“烂泥扶不上墙”，女孩就是“扶弟魔”……

这就像一个硬币的两面，男女两性形成了社会中的文化对冲。

近年来，针对女性的恶性暴力案件被频频曝光：

“女孩拒绝男同学求爱被扔下 19 楼”

“校花被男同学性侵杀害”

“空姐搭载顺风车被性侵杀害”

“女孩被前男友故意放火烧死在路虎车里”

……

与此同时，一些伤害案件也屡屡突破大众心理底线：

“工作失意，在小学门口袭击儿童”

“公交车纵火”

“校园砍杀”

……

根据中国最高法院公布的数据，涉及恶性暴力犯罪的案件里，罪犯超过 92% 都为男性。有研究表明，对女性的歧视，会令一些凶手特意挑选女性作为泄愤对象。

歧视—仇恨—暴力—伤害，这究竟是怎么一步步演变出来的？

先说个真实的故事。

有这么一对姐弟，姐姐 7 岁，乖巧懂事，看人都是讨好的眼神。

弟弟 5 岁，性格暴虐。

两个小孩并肩奔跑，姐姐跑得比他快，弟弟直接伸手使劲一推，姐姐一个跟头摔进了路边的沟里。沟 1 米多深，里面都是带刺的藤蔓。

推完姐姐，他转头看着赶来制止的大人，一脸狠相。

这两个孩子的妈妈，5 年剖宫产 4 次——和 3 个不同的男人。

我们叫她梅吧。

梅的妈妈是被人贩子拐卖来的，卖给了梅爸，生了梅和梅弟弟。

在 20 多年前，只能花钱买女人成家的男人，自然是村里最无能的窝囊之辈。

梅妈对这个男人并无忠诚可言，与村里很多男人不清不楚，且异常嫌弃这个男人。

梅还没成年，就有人给她介绍了一个远在新疆打工的男人。订婚给了 8000 元，两人刚一见面，“对象”就带她开了房。

媒人怪她不自重，意思是再拿捏一下，原本可以要到更多彩礼的，梅睁大眼睛：“可是他说他喜欢我啊！”

生下女儿，对方嫌弃她傻，把她赶回了娘家，女儿留下了。

第二家，又是别人介绍的，梅妈不同意，觉得对方没诚意，很滑头，但梅又是和对方一见面就“滚了床单”，然后直接住到了对方家里。

一年后梅生了儿子，对方又嫌她傻，不想要她了。拉拉扯扯中，梅又怀孕了，生了个女儿。

对方把儿子留下了，把女儿连梅一起赶走。梅把女儿带回了家，梅妈养着，就是故事里 7 岁的姐姐。

第三家，家里很穷，这家的男主人因工伤去世了，厂里赔偿了一笔钱。女主人用这个钱里的一大部分，向梅妈买了梅当儿媳妇。梅弟正好急着用钱来娶媳妇，于是梅妈答应了。

梅嫁过去，很快又怀孕，生了一个儿子。这个儿子便是一开头我们说的那个异常暴虐的小男孩。

梅几乎是文盲，不识字。但她的弟弟上过学，至少读完了初中，还去温州打过工，回来后开了个小作坊，用家里卖姐姐得来的钱，娶了老婆并贴补家用。

梅 7 岁的女儿，做事畏畏缩缩，处处看人脸色，不敢索要哪怕是自己应得的任何物质。

梅最小的儿子酷似舅舅，对姐姐暴虐凶狠，霸道好斗。而这一切，是被家人鼓励的。

如果梅的女儿生命中没有出现奇迹，那么这个女孩跟她弟弟，10 多年后将重复他们母亲和舅舅的轮回——姐姐沦为生育工具，弟弟榨取家族所有的资源，恣意妄为。

梅妈的两个孩子，梅的两个孩子，浓缩了最糟糕的性别歧视家庭的一切特征——女儿从来得不到爱、尊重与发展的机会。她不被允许接受教育，成年后唯一的价值就是子宫，甚至尚未成年，就可能被售卖了；儿子掠夺了家庭里的一切资源，而且天然地认为，这些就该是为他准备的，如果得不到自己想要的，那一定是世界错了。

前者是“血食”，后者是“食肉魔”。前者牺牲成性，从来不把自己当人；后者榨取成性，从来不把别人当人。

当一个家庭把女性成员养成血食，就必然会喂养出“吸血鬼”。

再来说说那些具有反社会人格的人的特点：

绝大多数是男性，从外貌、受教育水平、所占社会资源等因素综合起来评判，他们得分较低；他们中的大多数不善言辞，在沟通与人际交往上较弱；他们的心理多处于两极分化状态，经常在抑郁与躁狂之间摇摆；他们对行为的控制力较弱，遇事以自我为中心，同时，缺乏同理心与同情心，不理解或不接受谈判、妥协与让步。

在他们有限的认知里，世界应该围着他们转——世界欠他们一个女人，而女人欠他们一个世界。

一旦离开那个予取予求的“村落”，他们的认知会遭受严重挫败。

他们有限的经验和狭隘的人格，会被现实打得头破血流。尤其是遇到另一个文明体系里的异性时，他们会遭受巨大的挫败感——而他们绝不会接受这样的挫败。

这就是那些路虎纵火案、19 楼扔女同学案、校花遇害案里凶手们共同的心路：

“满足我，否则死！”

当女人不被当成人，男人就会变成野兽。

时至今日，竟然还有那么多男人相信，剥夺女性受教育的机会，剥夺她们能与自己比肩而立的机会，只看见她们肉体、子宫的价值，是有利于男性共同体的。

《美女与野兽》之所以流传甚广，恰恰在于其中的隐喻——没有女人的男性，就是野兽。在女人的引领下，他们的兽性才能褪去，成为绅士。

某种意义上，女性是文明的精灵、大地的祭司与和平的星光。

判断任何一个种族的进化与跃升，女性所处的地位、受教育的水准都是其标杆。

《魔鬼经济学》里提到过一个著名的、颇具争议的案例调查。

“犯罪率为何下降？”“因为堕胎合法化。”

（我本人是主张积极避孕、反对堕胎的人道主义者。）

美国在20世纪将堕胎合法化了，于是大量的母亲可以避免她不想要的孩子来到人世，这类母亲大多数是身处贫民区的黑人女性。她们来不及学会避孕，也没有做好任何抚养孩子的准备，此时生下来的孩子，女孩大多重复母亲的命运，早早地成为少女妈妈（当时，三代单亲妈妈是很多黑人家庭的典型悲剧），男孩则成为黑帮的预备炮灰。

这个调查佐证了另一个规律：非自愿生育的母亲，在得不到足够资源支撑的前提下，她的后代（尤其是男性），极易沦为犯罪分子。

同样，在中国很多贫困地区，存在大量没有做好准备的年轻母亲，而且，这个族群的年龄还在不断降低。

如今，各大视频平台上，不断出现少女妈妈，甚至童婚女孩。她们面对镜头，展露自己稚气的面孔和高高隆起的肚子——在对世界一无所知的时候，就和梅一样，草率地成了母亲。

她们的后代，会是什么处境，令人担忧。

这就是我们为什么要致力帮助那些身处困境的儿童，尤其是女童的原因；这也是我们为什么一直努力帮助女性，尤其是贫困、绝望中的母亲的原因。

今天，让一个女孩接受了教育，让一个母亲有了出路，让一个孩子能在正常的环境里生长；未来，这个世界上就少了一个梅那样的女奴，也少了一个“魔鬼制造者”，而在都市的马路上，也许就少了一把凭空劈向我们孩子的、疯狂的刀。

对于正在读这本书的女孩子们，我想给你们一个忠告，也是警告——

不要选择和一个从重男轻女家庭里走出来的男孩子恋爱、结婚。

对于正在读这本书的男孩子们，我也想给你们一个忠告，也是警告——“漫天的星斗是新的转机，更是未来人们凝视的眼睛。”全新的世纪已经来临，尊重和呵护女孩，是你们在这个世纪里生存、发展的首要法则，否则你们会感觉自己像一个野蛮人闯入了都市，格格不入、处处碰壁。

亲爱的女孩们，你们的未来，是可以选择的，请从这本书开始吧！

第一课

欢迎来到真实世界

她们，应当有免于恐惧的自由，有接受教育的自由，有追求幸福的自由，有不被剥削和压榨的自由，能够享受自己生而为人的权利，而不是作为一件物品被压榨、被盘剥。

一个女婴来到地球。

几秒后，她回到了天堂。

天使同情地看着她：“中国？”

女婴点点头。

她再次降生去了地球。

几秒后，又回来了。

天使同情地看看她：“又是中国？”

女婴摇头：“这次是印度。”

这虽然是个隐喻，但也凸显了一个基本事实：中国和印度，都是很重男轻女的国家。在中国部分地区，男女出生性别比达到了 170 ∶ 100。一个惊心动魄的数据暗暗流传：根据凭空多出的 3000 多万的适龄男性，这意味着，在过去的二三十年里，有几千万女婴、女童夭折了。

印度电影《摔跤吧！爸爸》则讲述了一个对女孩极度不友好的世界里，两个女孩如何凭借男性世界制定的规则，主宰自己人生的故事。

这个世界，真的对女孩不够友好。事实上，整个地球都在歧视女性。

《飘》里记载了一个细节——郝思嘉生下了女儿，她的黑嬷嬷担忧地走进书房向白瑞德报告：“先生，是个女儿。”白瑞德哈哈大笑：“女孩儿才好，我就想要个女孩。嬷嬷你不懂，男孩没意思，我就想要女儿。”一直不太待见白瑞德的黑嬷嬷惊奇极了，第一次对白瑞德产生了好感——因为，竟然有不重男轻女的男人啊！

回到中国。曾国藩的母亲江氏，祖上是江西人，她的家族迁移到湖南后遵循祖训，九代洗女——头胎生的女儿必定杀死。

至于二胎或其他序列的女儿会不会被杀死，虽无明确规定，但从记载来看，从曾国藩的外祖父往上数 6 代人，其间繁衍了 28 个男丁，竟没有一个女孩。因此我们可以大胆判定，其间被谋杀的不只是头胎女儿，而是所有的女婴都没有存活机会。

而他们之所以这样做，据说源自祖坟风水——江氏祖先被葬于一处名为“仙女袒肤”的地方，葬于此地的祖先会庇佑子孙，但代价是不能让家族中的头胎女婴存活，否则风水就会流落到女婴未来的夫家去。

然而这个残酷的传说很可能只是一种演绎。因为，杀女在江西很多地方都广泛存在。

江西籍翰林侍讲王邦玺在其奏议中曾提到：“各省溺女陋习，惟江西尤甚。”

康熙十年，江西按察使黄龙见江西溺杀女婴风俗太过严重，即“大张例禁，违者以无故杀子孙论……杖七十，徙一年”。

显然这样的禁令没起到什么扭转乾坤的作用，因为之后的历任江西巡抚仍然在不断出台禁令。而曾国藩的母亲，就是这种死亡诅咒里的一个幸存者。

曾国藩的母亲出生后，其父江沛霖将其丢在床下，试图让她冻饿而死。可是女婴生命力顽强，冻到半夜还活着，嘤嘤而动。江沛霖急走取来石头，想下狠手砸死女婴，一了百了。不料一时失手，石头坠地，砸到了自己的脚，脚剧痛，江嗟叹，砸脚之痛尚不可忍，何况一个婴儿被活活砸死？于是对那婴儿起了怜悯。

这件事大约和 150 年后英国动物福利保障法案的出台经过很相似。

英国议员洛克一直四处宣讲、推广动物福利保障法案，被当时的人们当成疯子嘲笑。有一次在议会上，一个伯爵过来嘲笑他，他大怒，舞动手杖将对方打倒在地，伯爵大叫：“别打了，太疼了！”

洛克停手，说：“你可以叫疼，但（它们）不会。”

伯爵顿悟，成了洛克最忠实的支持者。

江沛霖终于留下了女儿的性命。这个妹子的性格格外倔强。成年后，她嫁入曾家，生下了曾国藩。而曾国藩性情颇类其母。曾氏家族从曾国藩开始，对女儿都很友好，曾氏出了很多女性大家，包括著名女学者等，如中国杰出的女博物馆家、考古学家曾昭燏。

我写这个故事，是为了让大家知道，曾经的女孩是在一个什么样的背景下成长的。然而，200 年后的今天，女性的处境，似乎依然不好。

究竟是养女儿还是养女奴

这个世界对女孩有多不友好？让我们翻翻陈年旧案吧——3 个都很优秀的女孩儿，她们殊途同归的命运。

第一个故事，发生在山东烟台招远市贾庄。

贾庄出了个留学美国的女博士。她天资聪颖，学业非常出众。

说句题外话，这常见于女儿不受重视的家庭。因为她们往往很早就知道，读书可能是自己唯一改变命运的机会，所以总是拼尽全力。

她和丈夫在研究生毕业前申请到了美国多所院校的博士生全奖，精英阶层在望。但她的父亲强烈反对她留学，认为她当务之急应该是赶紧参加工作，帮家里解决经济困难。

最终，夫妻俩还是决定不放弃这难得的机会，选择出国留学，而小夫妻俩出国的费用，是男方家供应的。

其实，学生党在美国读书的日子很苦。奖学金真心是不够的。留学期间，她还怀孕了，艰苦学习之余还得打工挣钱，就这样，她还源源不断地寄钱回家——家里建起了新房，又买了房。

而灾难却在她回国探亲时降临。

父亲再次要钱。因为她的弟弟该娶媳妇了，他们家应该给未来的儿媳准备一套楼房。

在回娘家探亲的几天中，关于买楼的逼迫几乎如影随形。最后，得知女儿已经买了返程票，没要到钱又急红眼的父亲抡起斧头直奔女儿女婿房间——先一斧子砸开了女婿的脑门，又朝沉睡中的女儿头部猛砸。

法庭上，这位父亲面对法官居然面带笑意，声称自己不后悔。

想来，因为儿子才是他的孩子，女儿只是他家的东西，这个“东西”不能为他家提供服务了，那就毁了吧！

女儿的生活不重要，女儿理应为儿子服务——第二个故事是10余年前曾经在网络上轰动一时的北大博士和岳父为房产对簿公堂案。

一对东北夫妻，女儿读书上进，博士毕业拿了高薪，在北京买了复式房。她父母却提出，让她资助弟弟在北京买一套新房子。

2006 年的北京，房价已经开始起飞，工薪阶层已经很难做到说买就买。姑娘只能拿出 50 万，父母嫌少，于是有了打算——让女儿一家把自己唯一的一套复式房交出来，美其名曰“给父母养老”，实则想转送给在北京买不起房的儿子。

这对父母的逻辑和留美女博士的父亲没什么不同：女儿不是一个人，也不算真正意义上他们的后裔，只是个“别人家”的人。

当女儿拒绝牺牲自己的人生来满足弟弟时，这对夫妻采取了在网络上广泛发帖的方式，找媒体曝光“女儿是白眼狼，女婿虐待殴打老人”，并将女儿告上法庭，到女儿女婿的学校闹，要求严惩不孝子。

第一个父亲用斧头砍杀了女儿女婿，这对夫妻则从名誉上对女儿女婿赶尽杀绝。

“不孝”这个翻天印，在中国是很能打翻一船人的，也很能博取媒体和公众的同情。

当时谴责女儿女婿的很多网友都忽视了一个真相：声称被殴打虐待的老人，俨然已经霸占了由女儿女婿出资购买的房子，而女儿女婿已经无家可归，只能租房居住。这样的剧情，到底谁才是被虐待的一方？

后来法庭判决，老夫妻必须腾房，把房子交还给女儿女婿，这场闹剧才算告终。

最后一个故事尤为惨烈：“12 岁女孩供养 4 个大学生哥哥，车祸死亡后全村披麻戴孝”。

山东嘉祥县后中庄，一个叫春玲的小姑娘，随母亲改嫁到这里。继父一家有 4 个正在读书的儿子。其中大儿子在西安交大读书，其他 3 个儿子在县里读中学。尽管家庭负担很重，但继父有一门高超的木工手艺，再加上一家人勤俭节约，生活过得比上不足比下有余。

1995 年，继父工伤残疾，家庭经济来源断绝了。5 个正在求学的孩子没了支撑，最后，12 岁的小春玲主动辍学。

一个未成年的继女，种田收稻，煮饭拾柴，照顾家里的 3 个长辈（继父的父或母尚健在），贩运苹果槐米。为了给这几个“哥哥”筹集学费，她一次次去县城卖血，用卖血的钱一路供养着“哥哥”们的学业。当最小的四哥也离开了这个破烂的家，去了部队，临行前“妹妹”还从兜里拿出了一大把破烂的毛票，80 多元，给“哥哥”当零花钱。

其间，大哥读完了本科又考了研究生；二哥被上海同济大学录取；三哥被山东中医学院录取；四哥打算报考军校。

他们未成年的妹妹，在卖血，种棉花，推销草帽和黄豆。

1998 年 8 月，卖血回来的路上，因为头晕眼花，她没能躲过一辆满载钢筋的卡车，被当场碾死。

媒体长篇累牍地报道，浓墨重彩地描写了继父和“哥哥”们对这个孩子满满的感念与爱护——大哥给带回了一条红围巾，二哥带了一盒润肤霜……这简直是当代孝悌之典范，春玲获得了前所未有的殊荣：一个未成年的外姓女儿，被葬入了这家的祖坟！

她走了，年仅 16 岁。从 12 岁到 16 岁，短暂的、奴隶一样燃烧生命、奉献自己，被美其名曰“牺牲”。

这是“虐待、剥削、掠夺和难以想象的残酷”，很多人却觉得是大爱。

“哥哥”们有没有忏悔过，我们不知道。

她在学校读书时，天资聪颖，一直名列前三！而 4 个身强力壮的成年男人，选择把 3 个老人抛给她，选择由一个未成年的孩子卖血来供给自己的学费！午夜梦回，他们的心，是颤抖还是一如既往的坦然？很多男性甚至根本不认为这是个问题！就像那砍杀女儿女婿的父亲，理直气壮地问姐姐伸手要钱的弟弟一样——他们从不觉得这是个问题！

女人，美好柔弱又强悍的生命，她们任苦难蹂躏，起身兜住降生在饥饿匮乏中的孩子，转身背扛宿命和父亲丈夫的击打。

女胎儿的生存权，女婴儿的健康权，女童的安全和受教育的权利，少女的独立意志权，成年女性的同工同酬、生育自主权……她们，应当有免于恐惧的自由，有接受教育的自由，有追求幸福的自由，有不被剥削和压榨的自由，能够享受自己生而为人的权利，而不是作为一件物品被压榨、被盘剥。

消灭“妾妇之道”

女性的成长，须先从思想开始。

自强、自立、自尊、自重，而不是忙着去当“女强奴”。

“以顺为正者，妾妇之道也。”——《孟子·滕文公下》

孟子这句关于“妾妇之道”的概括，可以一针见血地囊括本族的千年文化史、政治史、帝王史、权术史、知识分子人格史和血泪斑驳的婚姻史。

“妾妇之道”从它来到人间，每一个毛孔都滴答着痴男怨女的肮脏血泪………

《红楼梦》里有一个不引人注目却真正令人厌恶的角色——邢夫人。

若论奴相之彻底，邢夫人在其中当属第一人。

王熙凤也好，王夫人也好，人性使然，和自己的丈夫多少还有分庭抗礼之势，没事还叫个板、讲个理什么的。邢夫人却“跪”得彻底！一味以奉承、顺从贾赦为要，十六七岁的小姑娘，一个一个地亲手往自己须发皆白的老公床上拉，甚至明知鸳鸯“不是个好相与”的，强拉硬缠，不惜得罪贾母，也要把鸳鸯拉过来“做小”。

这样的女性角色之所以让人厌恶，只因她积极地充当打手和帮凶，一心一意地荼毒别人家的女儿！

宫斗剧这几年很火，穿越小说也有了一大片忠实读者，其实，它们的核心故事只有一个：一群女人围绕一个男人，争奇斗艳地邀宠，互相倾轧，你死我活。

女主角被男主角各种奴役，和其他女性一起争宠、夺权，她们的生命中既不事创造，也不事劳作，唯一需要做的就是打扮得美美的，机关算尽，只要能赢得最大老板的心，就是人生赢家。人的创造力都限制在了男女关系和同性斗争中，对社会和未来，有何裨益呢？

中国女性有武则天那样政治谋略、强悍人格与出众才华的，甚少。

大多数都是赵姨娘式的泼辣，王熙凤式的精明能干，但人生格局都很小。苟且偷生，下跪撒娇，凌虐阴狠而已。她们的故事中，没有原始女性朝阳般的壮丽，只有宦官阉奴的柔媚，倒像宫殿深处的墙面，长满了霉苔，浮着吊诡绮丽的斑点，看久了，畸形的审美似乎也是一种美了。

传统文化中有许多给女性洗脑的 App（应用程序），我们可以叫它们“女强奴 App”。

你要变美、变苗条，更要贤良淑德。所谓“工、容、德、言”，女性就是要色艺俱佳。今天 21 世纪，都实现现代化了，你还要做到经济独立，自带荷包，然后再去争取能永久不被男人抛弃的待遇；却从来没有一个“好男人 App”，强调好男人的标准。

中国传统好男人的标准似乎只有两个："官人"和"西门大官人"。前者有权，后者有钱。

如果一个女孩从小不独立，没有自我，也找不到自己在社会上的位置，更没有"为人妻"之外的其他人生预期，她怎么能不誓死守住这张婚契？

美国南北战争结束后，奴隶制结束了，大批的黑奴哭天抢地，说什么也不肯离开旧主人——他们的一生已经像冷黄油一样凝固了，他们怎么能瞬间转换生活方式？

两性之间的终极幸福如果"只系于一人之身"，彼此间不能感受到爱、理解、信任和无条件的接纳，那么，无论男女，"纵然举案齐眉，到底意难平"。

终结妾妇之道，不仅为女性，也为男性。懂得何谓人之生而平等，懂得权利天赋，而不是他赋，懂得尊重他人并自尊，然后才能学会"爱与被爱"。

如何才能终结妾妇之道？用爱"富养"女孩。

低到尘埃里的人生

大才女张爱玲第一次谈恋爱，喜欢上胡兰成这样的人渣，却"低到了尘埃里"，她为那个男人做了很多毫无理性也毫无尊严的事，包括与他的情妇同住，给他的情人画像，接济他和情妇的生活，等等。

为什么这么优秀的姑娘会在恋爱中"低到尘埃里"？

在创作这本书时，一个极美丽又有才华的姑娘自杀了，留下一份遗书。随意点进去，开头的句子，一下碾压了我的眼睛：

我就像磨轮里的谷粒，被碾碎了，被人琢磨，被人试图看透。但一颗谷粒被人看透与否又能怎样呢，谷粒只是很多谷粒里干瘪的一粒。

必须是被伤透了，又必须是有极高的天分——被伤透了却能从血滴里开出花来的天才，才能写出这样的句子。最深的破碎与指控都被写得非常克制隐忍，似乎对方语气重一点点，她都要轻轻地赶紧补一句：“对不起。”

想起那句很丧但很流行的日式名句：“生而为人，对不起。”

这些都是自我破碎、自我否定到了尘埃里的“无助小孩”。

和很多其他女孩一样，不管是张爱玲还是这个自杀的姑娘，内心深处都循环回响着“我不配”三个字。

我喜欢漂亮的东西，却始终觉得自己不配……就像那个7岁的脏兮兮的小女孩。

很多人往往不能理解那些光彩照人、才华出众，甚至是成功人士的自杀事件：都优秀到可以碾压众人了，为什么还会自杀？

如玛丽莲·梦露，几乎全世界的男人都喜欢你，你怎么还想自杀？梦露的死，流传出很多版本，但从梦露的成长经历来看，她确实属于容易走上自杀之路的高危人群。

梦露童年被抛弃，父亲消失，母亲消失，辗转流落于多个家庭，一次次重复被抛弃的命运，还遭受了性侵。她和这个世界的链接是一座极其脆弱的冰桥，她生存及发展的最早链接可能是性——被性侵的

“性”——成长中，卖弄性感成了她最醒目的标签，这样的能力发展到极致，她的性感可以征服世界，但脆弱的内心，依然停留在她被抛弃的幼年。

走在光芒里的偶像，双膝都是颤抖的，而脚下的冰桥正在融化。

内心深处的那个小孩尖叫着想逃回去：“我不配！”——随时可能会被打回原形，不配得到世界的承认，这美好的世界不配被她拥有。

在那个自杀姑娘的遗书里，有这样的话：

妈妈不要我。但我 22 年没有撒过娇，没有任性过，我只是有一点点委屈，我想和妈妈说，这些年，你不要我的这些年，我很委屈。

太憋屈了。

这个孩子经历了什么，以至于连委屈都没法痛快地说出来，只敢轻轻地提一下。

在婴儿生命的前三年，母婴关系几乎决定了这个孩子一生的底色。能够在生命的前三年无拘无束撒娇的小孩，一生都带着自信的底色：永远相信，永远期盼，总是乐观。因为母亲在满足他/她生命初体验的过程中，给予的都是信心与盼望。

如果母亲很糟糕，孩子的生命底色会染上很多怀疑与挫败，他/她对世界的反应也是犹豫、徘徊的。

换句话说，母婴关系是孩子来到世界上面对的第一层关系，孩子的每一次哭泣、每一次需求，都是在品尝生命的滋味，母亲每一次及时充分地满足孩子，都相当于给他/她送上美好的苹果。孩子不断品尝着甘甜，对世界的印象逐渐形成——世界是甜的。

如果母亲本身问题很多，又得不到伴侣的支持，不能及时满足孩子，甚至在养育孩子的过程中情绪崩溃，孩子品尝到的滋味就是苦涩的，最终形成对世界的印象——世界是苦的。

如果孩子总是被恐吓、被压制，甚至忍饥挨饿，遭受殴打，那么孩子对世界的本能反应就是——世界是恐怖的。

最糟糕的情况则是——母亲“消失”了，父亲也“消失”了。

孩子来到世界，等于一脚踏空，在生命链接的另一头是完全的虚空，连冷漠都没有。

我会给她发微信，但她从来没回过我。

她走之前给我买了小面包，我到现在都不吃面包。

写到这里，姑娘说：“人生很多事都可以说‘何必呢’，我又何必活着呢？”

姑娘内心的黑洞如此之大，她的破碎来自生命之初，这样的黑洞后天可以弥补，但，需要母亲，需要父亲，需要原生家庭的一起成长。

其实，她的黑洞很多女孩子身上都存在。

如果父母的缺位没办法弥补，爱情也是自我成长的机会。但每次看到黑洞型女孩在懵懵懂懂的感性里冲向爱情，我都会替她们捏一把汗。

很多男孩子根本不知道如何爱，就算知道，一个普通人也很难“接住”一个千疮百孔的孩子。

在爱里，她会特别纠结，她想肆无忌惮地撒娇、作，又害怕被拒绝、被抛弃，于是她会动不动就炸毛：“不要就不要了，你走！”“是我先不要你的！”

真的，所有对自己没有信心的孩子，都会炸着毛说：“是我先不要你的！”

因为，她受不了抛弃再一次降临。她必须催眠自己：“在被抛弃之前，是我自己不要的，我才没有被抛弃。”

她没有办法成熟地表达自己，没有办法做到自如掌控。她像乳燕投林一样，一往无前地奔向爱情——奔向想象中的“爱”——可以替代消失的母亲的那种“爱”。

在父母与爱情之外，还有另一条特殊的路径是，有一个自己的孩子，亲自喂养，无条件地去爱这个孩子，这么做的同时，也会重新“养育”自己。

最后的出路就是信仰之爱。

著名慈善工作者特蕾莎修女在晚年的日记中直接承认，自己的内心常感匮乏，充满了黑暗荒凉。但她在帮助那些穷人时获得了内心（也许是短暂的）的宁静。当她内心充满了爱和信仰时，那些童年不被爱的创伤，痊愈了。

护理制度的创始人南丁格尔更是如此。她的童年备受母亲和姐姐的冷落欺凌，但她离开家庭后，在工作和服务中找到了安宁和满足。

我认识的一些“工作狂”本身也是内心黑洞巨大，但当她们把全副精力放在工作、爱好和专业上时，“黑洞”不见了。

所以我经常说，缺爱的人，就自己“喂养”自己吧。

内心缺爱到没办法了，我们就努力挣钱，自己纵容自己，自己向自己撒娇。

再不然，找个敌人，立为目标，一定要打败他/她！不达目标誓不罢休！

哪怕专门为自己定一个特殊追求呢，比如，定个目标，要爬“五大峰”，要徒步世界，要通关某个游戏，要收集很多包包、很多玩偶，写一本很厉害的书，画点儿貌美的画。

世界那么大，那么精彩，真的是走出去就海阔天空啊！姑娘，咱们把自己掰碎了，重新捏合起来，好好呵护自己，重新“养育”自己一回可以吗？

我真心希望所有的父母都好好爱自己的小孩……太多女孩，从小就觉得自己不配，这个不配，那个也不配，直到自己的内核被摧毁。

我特别想告诉这些姑娘：你们配得上最好的生活、最真的爱以及所有正常的尊重与礼遇。

不是你的问题，是这个世界错了。我们，一起去修订这个题目。

抱抱每一个曾经不被爱的女孩——人间值得，你更值得！

切断自我攻击

有一则旧闻，某地方电视台主持人和男友在车上发生口角，主持人怒而拉开车门，从高速行驶的车上一跃而下，头部着地当场身亡。

美丽的戴安娜，贵为王妃却多次自残，手腕上留下了多道伤口，而这并没有唤回丈夫的爱怜，反而让他更加远离她。

很多女人一生气就“作死”，这种行为模式嵌入很多女性的临场反应里：易被激怒，一生气就歇斯底里，进而自我攻击。这是为什么？

先说说发生在我闺蜜身上的一件事。

我这闺蜜素来心态平和，有一次却险些从天桥上一跃而下。

事情是这样的：她对未婚夫付出极多，而未婚夫却有个吸血鬼一样的姐姐。她心疼未婚夫上下班挤地铁辛苦，就出钱给他买了车。未婚夫的姐姐姐夫知道后，直接问未婚夫把车“借”走了。过了不久，姐姐姐夫又来借钱付房子首付，未婚夫没钱，当然是从她这里索取，仿佛她是理所当然的提款机。

闺蜜和未婚夫散步时忍不住吐槽：“怎么有这样的姐姐，不照顾弟弟就罢了，怎么能不停地索取呢？”一向待她温和的男友却立刻翻脸：“别说这些。我就告诉你一点，无论她怎么对我，都是我姐姐。这是我们家的事，跟你没关系！”

闺蜜看着眼前的立交桥，只有一个冲动：翻身跳下去。

她冤屈到了极点，也痛恨自己到了极点，有那么那一瞬间，之前所有诚心诚意的付出都成了对她莫大的讽刺。她做了那么多，在他的眼里，不过是个“外人”。

其实，一个人的自杀或自残，说到底，是因为无法处理自己内心的情绪，进而转为对自我的攻击，并试图用这种自我攻击，甚至用自己的死来激发“始作俑者”的同情与悔恨，去“惩罚”那个她求关注而不得的人。

但很可惜，这种自我惩罚伤害不了任何人——除了自己和爱自己的人。

这种自我攻击是如何形成的？

追其源头，往往是一个缺爱的小女孩。

过去的中国父母普遍轻视孩子 3 岁前的亲子教育，再加上重男轻女思想下对女孩的忽视，太多的婴儿尤其是女婴，在人生最重要的情感反射形成阶段，遭到了可怕的对待。

当母亲忽视她的婴儿时，婴儿的感受就是处在可怕的地狱之中——呼唤却无回应，哭泣却遭憎恶，索求却导致毒打……孩子的内核就是孤苦无助的模式。成年后，她遭遇的任何可能被抛弃的迹象，都会立即唤起她曾经经历的极度绝望感，那种比死还痛苦的绝望感——没有母亲、没有人爱自己的极度虚无。

有的女人，仅仅因为男朋友没及时接电话，就崩溃抓狂，能一直打，打几百个电话，非打到对方接听为止。

哪怕知道对方对此深恶痛绝，她也在所不惜。因为，她无力面对被忽视带来的绝望虚无。这种绝望感像猛虎一样追赶着她，她宁可把关系中美好的一切全部透支掉，也不能自我排遣这虚无的一刻。而另一方面，一些游刃有余的男性则操控着这份虚无，利用她内心的黑洞来惩罚她的索取，这样的操控后来发展为一种技术流，甚至成为一种组织，叫PUA。他们可以利用这样的黑洞，逼迫加引诱女孩做出失去理智的行为，如拍裸照、不雅视频，直到女孩崩溃——

“让一个女孩为你自杀是对男人最高的赞美。”

“我知道你想要我的关注，我就是不给你。”

“我知道我不接电话，你会发疯，我就是不接。”

某种意义上，这种卑劣恶心的组织利用的是一种虐待与被虐待的母婴关系的重现。

女孩自我攻击的第二层原因是，在成长过程中整个社会都在潜移默化地影响她，最终剥夺了她的自我感知能力。

传统文化一直强调的“男大当婚、女大当嫁”“贤妻良母”等观念，相当于在推动一个姑娘走向一种依附之路。博得一个男性的接纳才是人生最大也是终极的幸福。所以，太多的女孩子在恋爱后并不是寻求自我成长，而是匆忙间交出自我，全身心地绑缚在另一个人身上。在获得了一个女人全部的生命意义后，结果还能是什么？她们会拼命付出，也会拼命强化这种链接——我把一切都给了你，你还想跑吗？束缚是双向的，当这个男人表示出厌烦，有抛弃征兆，哪怕是轻微的否定出现时，她都容易像赌徒一样，瞬间崩溃。

第三层原因是，女孩在绝望时所能获得的周边的支持几乎为零。

在情感关系里，男性可以从社会和家庭里获得各种续航般的支持。社会不会歧视离婚或单身的男人，家庭也不歧视他们。离婚或分手时，男方家庭远比女方家庭抱团儿，他们甚至会掠夺式地为儿子争抢一切，为下一段婚姻/恋爱储备好物资。而女方则大多还在苦苦争取自己娘家的原谅：我没本事，我离婚/分手了，我给父母丢脸了，并准备面对随后的社会压力。

内心痛苦的姑娘可以回娘家倾诉吗？有几个父母亲会耐心听女儿的哭诉，并替她寻找方法呢？即便强大如教父，他心爱的女儿结婚后被丈夫家暴，他也对前来哭诉的女儿说："回去好好给你丈夫做饭，不要唠叨，他就不会打你。"

对闺蜜倾诉？传统意义上的闺蜜，是互相在朋友圈晒幸福，互相当观众点赞的，她丢不起这个人。

向社会求助？别逗了，被家暴的姑娘即使报警，都可能被劝回家，被劝导要好好过日子。

向陌生人倾诉？能各打五十大板已经算是客气的了。

……

传统文化的核心，是让女人自觉地把一个男人（夫主）视为比自己更高一层次的主人——"主人"再怎么戕害自己，也是主人；哪怕这个"主人"再渣、再烂，也比没有强。自己再优秀，也是低阶人类，必须被一个"主人"拥有才算过上了完整的人生。社会也会因为你有这样一个没有抛弃你的"主人"，对你的评价明显高于那些没有"主人"的单身女人。

于是，就出现了我们常见的现象，许多女人的口头禅是："一个女人事业再成功，如果没老公没孩子，终究是可怜的。"

最后一层原因是，女人很少能把伤害外化为攻击行为。

大部分女人只会伤害自己、自己的孩子或其他女人。这里有文化的原因，也有先天身体因素——雄性激素和睾丸素会让一个男人更富有攻击性。

看到这儿，你应该明白了一个隐藏的问题：同样是崩溃，男人们经常转为对外的攻击，那些对女友、妻子甚至是求爱不得的异性痛下杀手的男人，无一不是抱着这样的心理："我就是宇宙中心，如果你不能满足我，我宁愿毁掉你，也不让别人得到你！"

遇到感情危机，女性想切断自我攻击，走出困境，除了自己能认清现实，自我觉知外，能够得到来自同性的支持与鼓励也是非常重要的。所以，女性需要建立自己的共同体。

缔结女性共同体

现实中，除了少数有忧患意识的男性外，大多数男性是不会主动走出舒适区的，他们不会更不愿放弃从祖辈手里"继承"的特权意识——他们之间是有共同体的。

于是，我们对这样的现象司空见惯：

一个男人出轨，可以找到一堆男人给他打掩护。

一个男人性侵杀人，可以有一群"潜在性侵犯"在新闻下留言：他肯定有不得已的苦衷！

而当一个女人出轨，新闻底下铺天盖地地喊打喊杀：他们对女性评头论足，进行容貌羞辱、荡妇羞辱，极力贬低其价值……

——这就是男性共同体。

而现在，为啥一提性骚扰，全网的女性都沸腾了？因为她们也是命运共同体啊，她们中的很多人都经历过这样的创痛。

只有女性自己才能对很多切身利益问题感同身受:“孩子的生存”“婚姻自由”“工作和受教育的权利”“同工同酬”“产假和孕期保健”“不被性骚扰的权利”“不被性别歧视的权利”……

这是女性共同体的基础。

更进一步，一个女性不能得到公平对待，所有的女性都一样处于不公平的状态中。

当一个女性在婚姻中的权利被剥削、被掠夺，丝毫不能受到法律保护时，每一个女性都面临这样的风险。

当一个女性被隐形剥夺了财产权与工作权，所有的女性处境也都可能在下滑。

当一个女性处于针对容貌、年龄的贬损评价里，如老女人、黄脸婆等，意味着所有的女性都会在这个话语系统里被羞辱、被攻击。

然而，太多的女性，要么是“苔丝”，要么是“苔丝的母亲”——一边自我贬低，一边贬低其他女性。

自我贬低，其实是为了迎合男性权力。

贬低同性，则是在一切公开场合，小到村头、祠堂，大到课堂、网络，不停地表达自己对这个审判体系的忠诚度：

“我最纯，我最贞，我最守规矩！”

“你是个女人啊，你怎么敢这样做！”

“这根本就是你的错！你不作妖，他怎么会来伤害你？”

“她们”，是网络上拖受害人去“浸猪笼”的主力；“她们”，是庆阳六中那个对受害人说“你太较真了，这没什么大不了的”学校心理咨询师；“她们”，是令“房思琪”这样的受害人自杀的主力。

我为什么一直呼吁要“缔结女性共同体”？正是因为太多的女孩缺乏边界意识，也没有捍卫边界的武器。

女性应当团结起来，对我们共同关注的话题施加影响力，保护那些受害的女孩，为她们而战，就是为自己而战。拒绝施加在女性身上的道德审判，就是拒绝往自己脖子上套枷锁。对女孩友好，为女童创造更多的受教育机会，给女性提供更多的工作机会……都是女性共同体对自己的祝福。

第二课

在“十面埋伏”中成长

事实上，很多罪犯并非天生就会作恶，往往是机会和情境、冲动和欲望带来的瞬间恶念，如果恰好没有受到监管，也没有对惩治的担忧，这种恶便会一发不可收拾。

鸽子要飞越几重大海，才能在沙滩上安眠？

一个女孩能平安长大，要绕过多少骚扰险滩与性侵黑手？

“射雕”中，黄蓉一个小姑娘，离家行走江湖，如今回想起来，一个十四五岁小姑娘的历险记，真是暗藏了无数刀光剑影啊！尤其她又是容色殊绝，武功还不甚高强。

欧阳克武功绝顶，也聪明狡猾，就跟灰太狼惦记喜羊羊似的，一路紧追不放，好多次险象环生，黄蓉都侥幸逃脱。她能最终平安，总结起来，主要仰赖以下几点：

第一，洪七公、周伯通、她爹黄老邪的武功盖世，对手因此畏惧；

第二，黄老邪给女儿穿了软猬甲；

第三，黄蓉本身机灵过人，智慧百变。

以上三者，实际上分别代表了一个孩子在遇到危险时能获得的社会援助、家庭防护和自我保护。

目前在预防儿童性侵方面，整体社会的安全意识还停留在一个很低的水平：

“我家是男孩，不需要防护吧？”——其实男孩遇到的侵害概率，并不比女孩低。

“都是乡里乡亲的，怎么会祸害我的女儿？”——其实 80% 的儿童性侵，都来自熟人或亲友。

……

令人遗憾的是，我们正处在这样一个“不设防”的社会里。

“不设防”的社会

针对幼童的性侵案，真的是最近几年才高发的吗？

美国曾公布过一个调查数据：至少 1/3 的女性，在成年之前曾遇到过不同程度的性侵犯，而这些侵犯者大多来自亲属、朋友或师长。美国明星如玛丽莲·梦露、奥普拉和麦当娜都曾遭遇过性侵。

国内某周刊也进行过相关调查，根据国家裁判文书网数据，2017 年，中国有 1 万多例儿童猥亵案被立案查处。而这个数据，通常被儿童保护人士称为“冰山一角”。

在成年人的性侵案里，有一个不得不提的数据：1 ∶ 7，即每一例曝光的性侵案背后，可能至少有 7 例案件没有被曝光。而儿童性侵案，因为家庭、社会有意无意地忽略，情况只能更糟。

绝大多数受害儿童的父母，都是很晚才发现真相，此时还往往伴随着惊呼：“谁能想得到啊！”

一开始，确实谁也想不到。但从这本书开始，我们要直视真相。

20 年前，我还是个初出茅庐的小记者，对世界的认识美好而单纯。

有一次，我去一个乡村采访，经过一个打麦场时，车子拐弯，放慢了速度。傍晚时分，一群纳凉的人映入我的视线。在一群人中，一个男的动作怪异，他将一个七八岁的女童抱坐在自己的大腿上，一只手搬动女孩的大腿，一只手放在一个不恰当的部位。虽然只是匆匆一瞥，车子便迅速开走了，但当时我的感觉就非常不好。女童的脸晃过眼前，我只觉孩子的神情透着古怪。这一幕，像一粒沙子，嵌进了我记忆的某个角落。

直到多年后，我对儿童保护已经有所了解，也知道了儿童性侵行为的种种，这粒沙子骤然跳了出来。我可以确定，在众目睽睽之下，那个男人，极有可能是在猥亵女童。但是，别说举报、控告，哪怕是婉转地提醒，陌生人的善意也往往会被视为“其心何其歹毒也”——“他可是亲爹/叔/伯，你想到哪里去了？”“亏你想得出！”我们甚至见过有母亲在听到亲生女儿状告继父性侵时，立刻责骂女儿撒谎的案例。

性侵，本质上是一种彰显（对他人控制的）权力的恶意行为。

古希腊有一则这样的历史故事：“国王在招待贵宾时，会广邀当地的贵族美女（无论是否婚配）参加宴会，而女人们被邀请进后宫花园后，立刻接到了国王的命令，‘不得拒绝任何进入花园的男人’。”

花园是封闭的，国王对于这些贵妇（及其家族）的统治也是封闭的，除了从命，她们没有别的出路。国王和他的统治集团并不缺乏女人，却一定要制造这样的机会去占有贵妇，与其说是为了欲望，不如说是为了彰显自己可以为所欲为的权力。

在一个封闭的关系里，对孩子拥有权力的人，可能被自己绝对的权威催生出各种畸形的想法。

让一个孩子主动反抗老师的权威，从心理层面就非常困难。何况，他们在行为层面上也很难得到家庭或社会的支持。近几年，从接二连三曝出的教师、校长性侵案中，我们可以看到，某些管理不善的学校、集体宿舍和封闭式夏令营等场地，几乎成了一些罪犯的“后宫”，他们如狼入羊群，简直是毫无顾忌、为所欲为。而另一个更常见的封闭空间，犹如深渊，更加隐蔽，也更不敢被人们提及，那就是家庭。

家庭内部的"黑手"

我救助过一个令人绝望到窒息的少女性侵案：

坐标云南昆明。亲生父亲是加害人。

女孩怀孕 8 个月才被发现。

当地公安局抓获了这个禽兽不如的父亲，女孩引产了。

而女孩的母亲事发后就做了两件事：

第一，跑到公安局哭诉自己家里还有个小儿子，丈夫被抓后娘儿俩的经济来源就断了，并反复强调其丈夫已经悔改，以后绝不再犯。最后公安局实在没办法了，就将其丈夫取保候审了。

第二，她把女孩带走了，屏蔽了女孩和外界的一切联系。

引产前后，这个女孩需要做一系列检查，有一项检查非常痛，医生担忧地看着女孩，可她的表情却是木然的，从头到尾，一声不吭。

这木然刺痛了医生。医生对我们转述时特别强调："一定要帮帮她，带她去做心理治疗。"

我们的志愿者去救助女孩，提出提供免费的法律援助和长期心理辅导。志愿者甚至已经与当地一位知名的女性心理咨询师约定了至少要给这个孩子做一年以上的心理康复。

然而，当我们尽力去找她母亲进行沟通时，她母亲断然拒绝了我们，固执地说："我女儿没病。我丈夫没性侵。这一定是个误会。"

亲生的吗？亲生的。

我们常常感到很绝望。

我们既不能求助媒体，将受害人曝光；也无法请求执法机关主持公道；更不能冲进家庭抢走已然绝望的孩子，或者去学校找孩子。

事实上，很多罪犯并非天生就会作恶，往往是机会和情境、冲动和欲望带来的瞬间恶念，如果恰好没有受到监管，也没有对惩治的担忧，这种恶便会一发不可收拾。

以下是一个女孩给我的留言：

我这辈子最恨的人、恨之入骨的人，不是抛弃我的人，而是捡了我又糟蹋我的人。

她是一个被性侵的养女。伤害者，是她的"哥哥"。

30 岁的她没谈过恋爱，得了尿毒症，还得给家里交钱。

我知道那种牢笼的滋味，知道那种地狱的滋味。

据 2016 年媒体披露，中国有 5800 万留守儿童，1400 万随迁儿童——7000 多万孩子在失去正常照管的状态下生活。父母远离身边，无暇照顾，就算有暇有心，也往往缺乏性安全教育的知识。就如上文所说，很多监护人根本意识不到幼童，甚至男童也有可能遭到伤害——实际上，广东省 2013 年公布的一项关于广东省青少年健康危险行为监测的报告显示，男性遭受的性侵害更为严重：每 100 个男孩中，就有 2~3 个有被迫性行为，是同龄女孩的 2.2 ~ 2.3 倍。

2012 年 3 月至 5 月，香港护苗基金对 17 所中学共 5055 位中四至中五学生的调查显示，男童遭受性侵害较女童还要高 17%。

我的一位挚友坦陈，7 岁时，因为家人的疏忽，他遭到了性侵，后来他成了同性恋。

一个女孩给我留言，讲述了她被侵害的过程。

她 6 岁多时，父母为了省钱省人工，双双跑长途，把她和哥哥交给本村一个老光棍照顾。她旋即落入兽爪。

无数个夜晚，噩梦如影随形，她头上顶着破衣服在储藏间里蜷缩，浑身颤抖，听到恶魔逐渐走近。最终，恶魔仍将她找出。

这种恐怖的经历，长达两年——足以摧毁一个儿童的正常自我认知。她至今有精神分裂的迹象，罹患抑郁症多年。

透过这个案例，我们不得不反思。父母为何一点儿童安全常识都没有？竟然敢把孩子长期交给别人照顾，而且还是把一个女童交给了一个常年单身独居的光棍？

倾诉者解释：她父母之所以信任这个人，是因为他平时在村子里看起来很热心，跟人说话很和气，也愿意帮助人。

令人遗憾的是，很多父母不仅没有常识，而且在孩子遭受侵害后，他们还会和周围人一道，给孩子带来更加可怕的二次伤害。

云南某地曾发生了 12 岁女童被乡邻老头集体性侵的案子，可村里人不是谴责罪犯，而是鄙视女童，认为“这么小就会勾引男人了”。

一部与少女性侵有关的电影里，女孩遭遇了性侵，母亲的第一反应竟是强迫女孩剪掉长发，换上丑陋的衣服，还打骂孩子：“都是你太风骚了！”

这些人的观念是：孩子就像一朵花，已经残败了；又像一件衣服，已经破碎了。

这种强大的集体无意识认定的是：“女孩一旦被性侵就‘脏’了。”

这就是对受害者的二次伤害，也叫“污名化受害人”。

不要污名化受害人

“性侵”一词是近年来才被广泛使用的，在这之前，公共话语体系中使用的词汇是“奸污”。这个词里隐藏的含义是：被性侵的受害人从此便“污秽”了，不洁了。这个词汇像一个无形的标签，让受害人遭受了来自社会的二次伤害，实际上，她/他们是与加害人一起接受审判的。

加害人或许能被绳之以法，而受害人会终身被钉在耻辱柱上示众。

“如果我是你，就不会到处告状，而是带着女儿远避他乡，重新生活。”有人对女儿被性侵的家庭如是说。

在中国式智慧中，这样的“苟且”是一种圆融，一种务实。然而，受害儿童想获得心理治愈通常有一个重要的前提，那就是“罪犯被惩治，他们由此感到安全，并获得了内心渴望的公平和正义”。因此，隐姓埋名或三缄其口的受害人并非真的融入了新生活，他们只是将创伤隐藏了起来。很多时候，没有得到伸张的痛苦会从压抑状态中跳出来，在生活的各个时刻猝不及防地制造出新的伤口。

法国哲学家福柯说：“性侵害必须剥离其背后隐含的污秽标签，才能真正保护受害人。”

也就是说，必须在法律和社会意识上将“性侵”等同于重大的肉体伤害，如被歹徒捅刀、被打劫，而不是“从此毁了，从此不再纯洁，无法正常生活了”等貌似同情实为定罪的定义。

2006年，我有一文曾引发全网热议。那时候，遭受性侵的受害人被认为是一种耻辱。而反抗性侵，殊死搏斗，被持刀歹徒杀死的女孩，受到了舆论的嘉奖。震惊于这种网络舆论，于是我写了《冒死反抗性侵，是人类的耻辱》一文，反驳“遇到性侵时，必须用生命捍卫贞操”的荒谬思想。

后来这个议题吵上了凤凰卫视，在《一虎一席谈》节目中，一位律师质问我：“一个女孩好比一朵玫瑰，你难道不想把一朵完美的玫瑰奉献给你的爱人？”

我答：“被性侵的女孩，和其他女孩一样完美，这一朵玫瑰和那一朵玫瑰，并无区别。如有区别，可能这一朵，经历了伤害，却更加勇敢坚强。”

在20世纪70年代，欧美警察对被性侵的女性还带着质疑和侮辱的态度，这使得很多遭受伤害的女性在报案时犹豫不决。法庭辩论中，被告律师则通常会极尽所能地揭露或描黑受害人的私生活，将受害人贬低为一个“荡妇”来为性侵者辩护。后来，经过女权主义组织的再三抗议，美国联邦最高法院最终裁定，在性侵案中，受害人的生活作风不在法庭出示或考量之列，以避免将一次刑事审判变成对受害人性道德的审判。

而在中东地区的性侵案审理中，如果没人能证明受害人曾极力呼救，那么她就会被视为通奸者，与侵害人同罪，甚至遭受石刑——实际上，现代文明社会里，在公开舆论中质疑受害人是否“行为不端”，与用石头砸死她似乎也没什么本质上的区别了。

更糟糕的是，一个女性受害人被污名化，所有女性都被污名化，而且加剧了她们处境的危险性：你被性侵就是你的错！这意味着受害人今天是她，明天就是自己！而且，当性侵者知道受害人得不到社会舆论的支持时，就会更加肆无忌惮！

怎么办？

只有一个办法，从一开始，就不能进入这个游戏规则。

不要进入“房思琪式”的自戕体系。

请一遍一遍地对自己说：“老娘依然牛气冲天，虽然一只狗在某天趁我不备咬了我一口，可我还是那个貌美如花的姑娘，是狗错了，不是因为我长得美错了。”

否则，当你开始自我审判“我被他性侵了，我是不是脏了”的时候，就已经在往自己脖子上套绞索了。

你要明白，任何试图诱导你进行这样自我审判的人都是坏人，都是人渣，叫他马上滚。

无论是所谓的你未来的丈夫或男友，诱导你或赤裸裸地问你“是不是被人上过”的时候，都是对你的羞辱。这个语境本身就是错的，这个句式更是陷阱——人为地把你当成客体，他们在入侵和审判你的身体，仿佛你是他的所有物。

他们中的任何一个人，都没有权力这样做。

但根据他们某些狭隘下流的利益需求，已经几千年来形成的文化惯性，他似乎问得理直气壮，而你，在接受这个隐形审判时，内心甚至会惴惴不安。

千万要记住，这是在物化女性——而你是一个人，一个鲜活的人。你的身体、你的精神、你的感受、你的决定、你的经历（包括性经历），甚至你受到伤害的记忆，共同构成了你这个鲜活的生命。

这一切，构成了独一无二的你，包括风暴留给你的伤疤，都是属于你自己的——骄傲。

没有人可以肆意地评价你，哪怕冠以“爱护、同情、怜悯”之名。你要破解这个游戏密码。

不要进场，更不要推别人进场。

任何人试图用你的衣服、外貌、情感、经历来评估你，尤其是围绕着性行为的多寡、性伴侣人数的多少来评判你时，你要立即“拉响警报”：“他又开始玩审判游戏了。第一，他/她要满足自己压抑的欲望，满足一种偷窥欲；第二，他/她想借由此事打击我，评价我，控制我。”

这个时候，你只需要回答两句话：“关你屁事！”和“关我屁事！”

这8个字虽然粗鲁，却是捍卫自己边界的一剂猛药。

北欧的性侵害立案数据一度占据全球之首，曾经有人质疑：“北欧不是女性权利高涨的地区吗？怎么还会性侵案高发？”其实恰恰因为北欧受害人已经不再被污名化了，受害人会毫不犹豫地提告，没人会担心因此背上“放荡之名”。同时，针对女性的种种不妥当行为，过去可能不会入罪的，如在电梯间“拍了女同事的臀部”等行为，也会被告性侵害，所以，北欧的性侵害立案数据才会急剧飙升。

如今，不再污名化受害人，已经成了中国法律和社会的共识。被性侵，不再是受害人的耻辱，于是，也有了越来越多的受害人勇敢地站出来，对性侵害、性骚扰说不，并公开指证曾经伤害自己的人，这彰显了整个社会的进步。

警惕“恋童癖”

林肯公园的主唱，童年被性侵。长大后，虽然事业发展不错，他仍然走不出阴影，最终自杀。

拳王泰森在 7 岁时被陌生人性侵，年近七旬时的他仍然能清晰回忆起那黑暗无助的一幕。

童年被侵害的孩子，往往会在内心进行自我攻击，降低自我评价。如果加害人是父母等监护人，就会更加令孩子的内心支离破碎，难以建立起正常的亲密关系。

孩子们采取的行为，要么是向加害者认同，把发生在自己身上的暴行合理化——只有合理化，孩子才能降低痛苦感，才能活下去。也因此，当我看到有的母亲说“孩子好像挺喜欢这样的行为”时，我会出离愤怒——孩子并不是喜欢，而是已经不得不认同、接受，甚至主动迎合，否则，他们会被痛苦逼迫到活不下去。

另一种可能，孩子会把这种痛苦转化为强攻击性，或者自戕、自残、自杀，或者是对外的攻击，如泰森那样异于常人的暴力倾向。

所以，“恋童癖”究竟为什么会伤害可爱的孩子？

“恋童癖”多为男性，他们对于成年女性是无感的，甚至会产生厌恶、憎恨等情绪；唯有在几乎完全没有性发育的孩子身上，他们才能被唤起欲望。

说到这里，我们需要强调一点，的确不是所有有恋童癖的人都会变成性侵犯，就像不是所有得了狂犬病的狗都会咬人一样。

但是，请想象一下，一个在正常成年人眼中可爱、乖巧的孩子，在有恋童癖的人眼中是一个可以被用来性幻想的对象……简直让人不寒而栗。

美国、加拿大等国早已立法对犯过（哪怕是轻微的）儿童色情罪的罪犯进行终身监视，正是基于他们的危险和不可控。

有人可能问：“有没有这样的‘恋童癖’呢？他们斯文有礼，热爱公益，乐于助人，遵守秩序，除了偷偷看儿童色情制品进行自我排解外，没做任何侵害儿童的行为。这样的人也要被监控吗？”

我的答案是：首先，消费儿童色情制品本身就是对儿童的侵害和剥削；其次，消费并传播儿童色情制品会加剧对儿童的伤害；最后，“恋童癖”就如瘾君子，儿童对他们而言就像是毒品，仅仅依靠道德修养和自律就能终身压抑自己，不去侵害任何儿童，这种概率有多大？也许真的有人可以做到这一点，但是，我们有责任也有义务把这类人甄别出来，在他们周围生活的孩子们和家长有权知道自己身边生活着一个“恋童癖”。在享有知情权后，孩子和家长们可以自由选择要如何与之相处。

“恋童癖”究竟有什么共同点呢？他们自知不能见容于社会，所以他们的画像是非常模糊的。

他们中性别以男性居多，也许会用比较正常的社会角色、已婚身份作为掩饰，甚至他们中的一些有着体面的职业，如美国接连曝出的天主教神父性侵幼童案，一度有 300 多位神父涉案。

除了可能的体面身份，他们有一个特征——为了便于接近“猎物”，他们极有可能会选择一类能合法且经常与儿童单独相处的职业。这就更需要监护人提高警惕了。

必须懂得儿童安全知识

2017 年 6 月 1 日，根据中华人民共和国最高人民法院公布的数据，2013 ~ 2016 年，全国审结猥亵儿童犯罪案 1.0782 万件；被法院审理的儿童性侵案是儿童被拐卖案件的 3 倍。现实生活中，人们却往往觉得儿童性侵案离自己非常遥远。

这种现象的产生，既是社会性教育的缺乏，也是父母的失职。

过去，中国家长从不和孩子谈性。正如借“房思琪父母”之口说出的那样：“需要性的人才会谈性。”在传统中国家长的眼中，性是丑恶而不被允许存在的。

这样做带来两个后果：第一，孩子缺乏自我界限感，都被别人摸大腿了，还不知道这是非礼；第二，孩子一旦不幸被性侵，自觉污秽不堪，就此画地为牢。

近年来，随着各种幼童被性侵悲剧的屡屡曝光，如何维护儿童权益成了高度敏感的社会话题。但儿童性侵被低估却是不争的事实。根据瑞银慈善基金会(UBS Optimus Foundation)对各国侵害儿童状况的调查研究，参与调查的中国学生中，8%的未成年人都反映曾遭受过不同程度的性侵犯（这个数据依然被认为严重低估），且未成年人中采集到的受性侵人数比例是家长报告的8倍多。

如此庞大的性侵儿童案件中，熟人甚至父亲作案不在少数。中华社会救助基金会儿童安全基金女童保护项目发布的《2013～2014年儿童安全教育及相关性侵案件情况报告》指出，2013～2014年曝出的192起性侵儿童案件中，陌生人犯案仅38起，其余80.20%均为熟人作恶。而广州市的一项调查更直接将矛头指向父亲，称侵犯儿童的罪犯，排在首位的是父亲，占罪犯总数的21%。

因此，真正预防儿童性侵，不能只教给孩子安全常识，还有更多的注意事项：

第一，在家庭中为孩子划分安全范围。

既然未成年人被性侵，熟人甚至家庭成员作案占比非常高，那么，就不要认为与孩子有血缘关系的人就一定是孩子安全的守护者。比如，在为女童洗澡或孩子便溺时，应当让爷爷、外公、爸爸、叔叔、伯伯等异性家庭成员避嫌。

第二，不要将孩子随便交给“熟人”照顾。

尤其不能让“熟人”把孩子带离自己的可控范围。有这么一个案例。

母亲经常加班，父亲也不在家，于是，母亲经常性地将5岁的女儿交给邻居照料。邻居家恰好有两个分别为8岁、12岁的小男孩。邻居安排小女孩和自己家的孩子住在一个房间，睡在一张床上。这样的安排无形中给不能为自己行为负责的小男孩们制造了性侵的机会。

后来，当母亲发现女儿成了小男孩们戏耍的性玩具甚至受到了实质性侵害时，已是追悔莫及。

第三，要知道不是所有的女性都能守护好孩子。

一位母亲将女儿交给自己的闺蜜照料一周，因为闺蜜人品可靠，也善待孩子，岂料闺蜜的男友借口带女孩出去买炸鸡，在车上性侵了女孩。

第四，尽量避免男性（包括未成年人）与儿童单独接触。

许多幼儿园中，园长、老师的亲属常会在幼儿园中从事保安、厨师甚至生活老师的工作，他们有大量机会单独接近幼儿。这种环境属于发生侵害的高危环境，需要孩子的监护人予以关注。

像上文中提及的侵害5岁女童的两个未成年男孩，也是在相对封闭的环境中，才有了实施犯罪的可乘之机。

有一个更为极端的案例：

一位6个月大女婴的父亲去亲戚婚礼上帮忙，把孩子交给自己的堂弟看护。谁也没想到，这位“堂弟”竟然性侵了女婴，而最终施暴者仅仅被判处了 5 年有期徒刑。

第五，要清楚受害人不仅仅是女童，男童也可能受伤。

美国畅销书《24 重人格》讲的就是一个童年遭受性侵的男人的自传。作者韦斯特在童年时，被照顾他的、性压抑的外婆以奇怪的方式侵害了，为了逃避这些痛苦的记忆，他在成年后，分裂出多达 24 重的人格，以期保护内心脆弱的自我。

所以，家长在照顾幼童时，不要以为男孩子就安全了。无论男孩还是女孩，家长都应对孩子处处留意，当孩子的行为变得异常，脾气变得暴躁，突然畏缩或富攻击性，甚至不爱洗澡，故意弄脏自己，频繁提及或隐藏身体的隐私部位时，家长要格外注意，留意孩子是否受到了侵害。

就算在自己熟悉的区域，就算有我们认为的可靠的人看护，孩子也可能会遭遇不测。我们虽然熟悉环境、熟悉每张脸，却永远看不透脸后面的人心。

改写美国儿童保护史的 3 个孩子

安珀警报。

在美国，有一个特殊警报系统，甚至比总统的电视直播讲话还要优先，那就是安珀警报——用于寻找失踪儿童的紧急通知。

我在美国旅行时零距离体验过安珀警报。

当时，我用的是中国手机号及电信网络，但半夜手机忽然发出了刺耳的警报鸣叫。

我吓了一大跳，发现是一条带着惊叹号标志的信息。

我的短信设置的是隐藏状态，但这条信息强行弹屏了。

这条警报为什么有这么多“特权”？它又是怎么来的？

安珀警报（AMBER Alert）可以直译为：美国失踪人口的广播紧急回应。

安珀，是一个女孩的名字。

她于1996年在美国德州阿灵顿（Arlington）被绑架杀害，时年9岁。

安珀的父母和哥哥非常悔恨自己错失了最佳救助良机，于是发起了儿童失踪紧急广播的推广活动，最终，安珀警报系统在美国全社会被广泛使用。

安珀警报的发布者是负责调查该失踪案的警察机构。对大众发布的安珀警报内容通常包含了对失踪者和嫌犯的描述，以及绑匪车辆的具体信息等。安珀警报使用的是美国紧急警报系统（EAS），是美国信息传播的最快形式，所能覆盖的范围也最广。

美国号称每年约有80万儿童失踪，其实大部分是误会或家庭纠纷，但因为他们完善的儿童保护系统及无处不在的安珀警报，这些儿童几乎都被找回了。据路透社报道，美国失踪儿童的找回率高达97%。

目前，中国公安部也建立了类似的儿童失踪紧急信息平台。

梅根法案。

1994年，美国一个叫梅根的小女孩，在自己家门口被邻居杰西骗去看小狗。

之后，梅根便失踪了。

杰西实际上是一个有两次猥亵儿童前科的罪犯，当地执法机关却对此毫不知情。所以警方在全区搜索失踪的梅根时，并没有格外留意杰西。

梅根最终被性侵杀害。

凶手被抓获后，全美因此案出台了梅根法案——强制所有的性犯罪者，必须到自己的住地警所向警察报备，并登记居所地址。他们的居所和外貌特征等信息会被公布在互联网上。当地居民可以随时上网查看这些“曾经的性罪犯”。

杰西卡法案。

2005 年，9 岁的女孩杰西卡在自己房间里失踪。

警方接警后，陆续出动大批警力，动用了警犬、马匹、直升机，以及百余位志愿者，对失踪孩子家周边和附近森林进行了仔细搜寻。

警方一直坚信杰西卡仍在附近区域。事实上，在失踪的头三天里，杰西卡确实被关在离家 60 米远的一栋灰色拖车房里。警方几次登门问询，但并未进屋搜查。

杰西卡失踪 19 天后，警方终于搜查了那栋房子。那栋房子的主人是一位女士，她的弟弟约翰·伊万德·库伊于案发前后在此暂住。而约翰是个登记在案的恋童癖。

3 月 17 日，警方终于在佐治亚州奥古斯塔市抓获了约翰，约翰承认，那天他吸了毒，半夜潜入杰西卡家，把女孩掳至住处，性侵了她，在壁橱里关了三天后，把她活埋了。

2005 年之前，美国对性侵儿童犯罪的法律已堪称严苛。联邦层面的主要法律条款，一是要求对性犯罪者执行严格的登记制度；二是对获释的性犯罪者，要对社会进行公告。

但前述法律的漏洞是，如果性犯罪者获释后搬离登记住址，并且不主动及时在新住址进行登记的话，实际上他们就处于不被警方监控，更不为周边居民所知的状态。

杀害杰西卡的约翰曾因盗窃、醉驾、露阴等指控24次被捕。他的驾照被吊销了99年，曾被判10年监禁。更为关键的是，此人是个恋童癖。1978年的一次入室盗窃，他猥亵了一个小女孩；1991年，他又被指控猥亵一个5岁儿童。

杰西卡的家人借助媒体反复指责这一法律漏洞以及执法机构的疏忽，要求制定更严苛的法律。2005年5月2日，时任佛州州长杰布・布什（时任美国总统乔治・布什之弟）签署、批准了杰西卡法，同年9月1日生效。

杰西卡法规定：对被认定性侵12岁以下儿童的罪犯，将被强制判罚监禁最低25年，最高终身监禁；侵害12岁以下儿童的成年人，若获释将终身被强制性佩戴电子监视器。

安珀警报、梅根法案和杰西卡法案被称为美国儿童保护历史的三个最重要的进步。

它们就像三层天网，守护着柔弱的孩子。

只有家庭、社会与法律的重重重视，才能给孩子穿上软猬甲，才能最大限度地保护他们，让他们免于潜藏的恶魔之爪。

第三课

敢做自己身体的主人

守住身体的边界，也许就守住了人生的边界。女孩的身体，宝贵而脆弱，和男性不一样。所谓性自由，是可以主宰自己的身体，而不是为了证明自己有权力随意跟人上床。

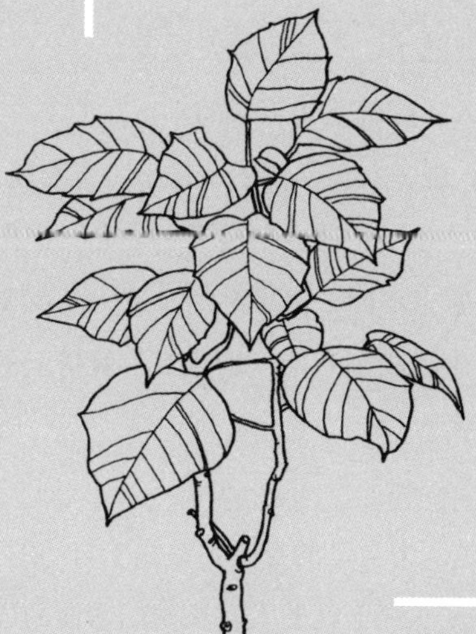

少女，如一棵菩提小树，迎风飒飒而立；如一颗星辰，在晨曦中冉冉升起。但在你们命定的路上，有太多的意外或不测，可能让如晨星般耀眼的你，在上升的道路上陨落。

少女易犯的“七宗罪”

第一罪，把早恋当终身事业。

植物到了时间要开花，人的身体成熟了，一样会萌发爱欲。

少女时期的你，偷偷地喜欢一个人。这都是很正常的。

但拜大量的宫斗剧、爱情剧洗脑，许多女孩弄错了一件事，青春期，最重要的事，变成谈恋爱。有的女孩早恋了，这本来也无可厚非，但把恋爱当成人生唯一要务，学也不上，家也不回，似乎她的全部人生就要在这一刻燃烧殆尽了。女孩啊，你人生才刚刚开始，别这么早就搭上学业和未来，可以吗？

第二罪，把“性”视为献身。

中国女孩有一个最大的错觉，就是认为自己的身体不是属于自己的，而是属于未来另一半的。而真的有很多心怀不轨的人，在她们懵懂的成长道路上等着她们主动献祭——爱我就给我。

女孩，一定要清楚，身体和行为带来的后果都属于你自己。你不是谁的礼物，不要成为“身柔体轻易推倒”的傻姑娘。

第三罪，“献身”却不知道避孕。

现在每到寒暑假，每到情人节、“光棍节”节后一至两个月，去医院堕胎的未成年少女人数就会呈现明显上升趋势。

这些女孩，在懵懂地感知了一点所谓的爱之后，却要承担身心俱创的后果。女孩，请记住，逼迫你发生性行为的是人渣，发生性行为且不避孕的，更是人渣中的人渣！你要学会鉴别他们，更要懂得拒绝。

第四罪，“从此我就是他的人了”。

这是一种傻到让人心疼的认知。无论是出于一时的冲动，还是一时的迷茫，或者是真正的情投意合，她们均视性关系的发生如天崩地裂。有的女孩甚至被人诱奸或强暴后，答应做对方的女朋友。

女孩，不小心踩到狗屎是一件很难过的事，但把狗屎当成鞋穿在脚上，想想未来的日子，你真的打算一直隐忍过活吗？

第五罪，“他吸毒、赌博、家暴……可是他对我挺好的啊！”

在我听到的倾诉中，最令人发指的事情有：男方包养了 3 个情人，女方还是恋恋不舍；男方平均每周痛殴女方一次，女方还是一直在原谅；男方不工作，每天打牌，不务正业，女方还是舍不得离开，因为觉得男方对自己挺好的……

可怜的姑娘，你在原生家庭里究竟经历了什么？男人说句动听的话，你就觉得是对你挺好了？一个男人真正的“好”，应该是尊重你、呵护你、舍得为你花钱，更重要的是，他自己一定是努力上进的！

第六罪，爱，可以不计较名分。

最让人惋惜的，莫过于年幼无知的姑娘上了老男人的贼船，甘当地下情人。姑娘痛苦得要死，一个人独自咽尽所有苦水最后还落个骂名在身。抛开道德观念不谈，愿意自我牺牲也是你的权利，但请记得亦舒师太的话："任何需要你去争取的男人，都是不值得争取的。"

第七罪，认为"有子万事休"。

生完孩子，就认为家庭生活算是修成正果了，自己的幸福也功德圆满了。人生就此定格，从此不思进取。

这样的姑娘，把丈夫和孩子当成自己的全部人生，再没有其他追求，同时，她们也把控制他们当成了人生的全部希望——一边付出一边控制。请记住，你的付出未必是他们想要的，你心酸，他们也心累。

幸福永远是一个人的内心感受，就像你的身体一样，最终能为你负责的只有自己。点点滴滴，都应该自作自当、自造自受，不论痛苦还是幸福，莫不如此。

我想给大家讲个真事儿，故事的主人公是一个对自己犯下"七宗罪"的年轻女孩。

差点毁掉一生的早恋

这个姑娘是个真正的白富美，身高168cm，长发大眼，苗条秀丽，父母是开建筑公司的，家庭相当富裕。我们就叫她小美吧！

谁也没想到的是，大学还没毕业，小美忽然宣布她要结婚！

进一步沟通，发现这个结婚对象是小美谈了5年的男朋友！

再一调查，小美父母傻眼了。

这位男友初中毕业就开始混社会，家中三个儿子，男友是老二，和父母一起租住在上海郊区。老大已经结婚，老三正在当兵。这位男友 32 岁，比小美大了整整 10 岁。

年龄背景相差很大的两人是怎么认识的呢？小美一开始不肯说，还编了个传奇故事，说自己路上被劫，还是陌生人的男友拔刀相助。可见他品德多么高尚，为人非常仗义，等等。没想到后来这位男友自己说漏了嘴：原来，他是小美高中学校门口的保安。小美高中偷偷溜出去买吃的或者上网，他经常给她提供方便，还陪她去网吧，一来二去，两人就谈起了恋爱。

更令小美父母震惊的是，高中时的小美就已经和这个男的“滚床单”了——这个信息是男友刻意透露给小美父母的。

小美考上大学后，这男的竟然跟到了小美读书的地方，在学校外面租房，小美读了 4 年大学，两人就同居了 4 年。在此期间，男友就在出租屋里打打游戏，做做饭，等小美放学。

这样的婚事，小美父母当然不同意，但小美就是不回头。最后亲友们都被惊动了。一家三口还去找了心理医生，鸡飞狗跳地闹了大半年。

在心理专家的劝导下，小美爸妈渐渐理解女儿了，因为平时忙于生意，小美从小缺少关怀，别人对她好一点，她很容易就跟别人走了。

小美父母连电视剧里那些老掉牙的招数都使了，找到小美男友，说给对方一笔钱，只要对方愿意离开小美。谁知男的很有骨气地回复：“你们少来羞辱我们纯洁的爱！我不要钱！”

最后，心疼女儿的小美父母妥协了，决定接纳这个女婿。

婚前，双方家长见面，男方连一句客气话都没有，硬邦邦地说，彩礼是没有的，戒指是不买的，酒席是办不起的，他们手里的那点钱在小美父母眼里根本不作数，所以就不必客气了。

紧接着，男方父母要求，两人完婚后，一家人不说两家话，小美家那么大的事业，是不是应该给新女婿安排个副总经理之类的职位啊？

小美爸爸很发愁：“他能做什么工作呢？财务他不懂，建筑他不懂，材料他也不懂……”

男方妈妈说：“他可以做管理呀！管几百号人，这是起码的！”

小美爸爸无可奈何地说：“那这样吧，我们公司在内蒙古新开了一个工程，地基都还没挖呢，让他去吧！”

男方全家眼睛一亮。

小美爸爸接着说：“你以前没干过建筑工程，要进这一行，要先从基层开始锻炼，这个工程起码要做2年。你过去之后，先干3个月小工，再干3个月大工，再干3个月水电工，然后做监理……我按公司中层干部的待遇给你发年薪……”

话还没说完，男方一家的脸就拉下来了。

当时没说什么，隔了两天，男方父母把小美叫去了他们家。准婆婆准公公再加上大伯子，摆出了三堂会审的阵势，围成一圈，对坐在沙发上的小美一顿“狂轰滥炸”：

“你爸爸也太有心机了，这是安排工作吗？这是让他去充军！内蒙古那地方过去都是流放犯人的地方，叫我家小二子去？还当建筑小工？”

“那是人干的活吗？”

“你爸爸就是故意的，把你俩拆开，好把你们的感情弄生分了，然后再让你把他甩了！”

准婆婆拍着腿喊：“你们家已经那么有钱了，你短吃少喝了？你买个包的钱都够我们打工一年赚的，你们还非要我儿子到建筑工地用命去换血汗钱？”

男友的态度虽然没那么激烈，但眼里盛满了忧伤和悲愤……

小美回家就和父母大吵了一架，说父母势利眼，瞧不起穷人，而且还准备用卑鄙的手段拆散一对有情人。

小美爸爸摊开手，给女儿看过去的旧伤疤；捋起头发，给女儿看头上的一个大疤。当年他自己也是从小工干起，渐渐熬成了包工头。当年在工地上，不知从哪里掉下来一块水泥，直接砸在小美爸爸头上，幸亏当时戴着安全帽。帽子碎了，头皮受了伤，留下了几十年之后依然能看出的一个大疤，所幸没有伤到颅骨，这才捡回一条命。

小美妈妈哭得上气不接下气，历数当年创业的艰辛：甲方拖欠工程款，年终工钱结算不了，工人们堵门、砸车、打人讨薪，她是公司会计，被一群工人堵在会计室里，脸被挠破了，身上的衣服都被扯烂了……

这些事情，小美从来没有听父母说过，她一直觉得父母的生意做得挺容易……

一家三口哭成一团。

小美爸爸最后问："我是吃尽苦中苦，才赚下今天的这点家业，他想要我们家的家业，为什么连我当年十分之一，甚至百分之一的苦都不能吃呢？不能吃苦的男人，以后怎么庇护自己的妻儿？"

小美是豌豆心，心思又转了回来，她约男友面谈。

男友先是不吭声。后来说："我本就是个胸无大志的人，只想平平淡淡陪着你过一生。我们就这样平平安安地相守到老不好吗？就像以前一样，你上学，我做饭；你回家，我们一起打游戏看电影。"言外之意，"想让我去内蒙古的工地上吃苦，我是做不到的！"

小美忍不住问了一句："那咱俩喝西北风吗？将来要是生了孩子，孩子的奶粉钱从哪里来？"

男友脱口而出："你们家都已经那么有钱了，那些钱以后不都是我们的吗？"

小美终于有点醒悟了。

回到家，她把自己关在房间里默默坐了一夜。刷朋友圈看自己同学、亲友的生活，把这几个月两个家庭的“碰撞”都回忆了一遍。

第二天，小美给男友发了分手信息。

知道女儿提了分手，小美妈妈马上趁热打铁，领着女儿出国旅游去了。因为走得急，手机都没让小美带，就扔在了家里。小美的手机就暂时被她爸爸接管了。

没过几天，“前男友”发短信威胁：“今天再见不到你，别怪我做出丧失理智的事！”

小美爸爸用小美的手机回了短信：“你要做什么事？”

“前男友”说：“我有视频，有照片！你再不见我，我就发到网上！”

小美爸爸回复：“见你不可能，其他补偿可以谈。”发完信息，小美爸爸就去报了警。

终于，男方家提出，要400万元补偿款或一套房子。

经过一番还价，最后80万元成交！男方家能接受的原因是他家老三刚退伍，谈了个对象，女方家要20万元的聘金，因此，男方家急等用钱。

双方约了交易的时间和地点。

小美爸爸带着整整一箱子的现金准时赴约。

把箱子交给男方家，小美爸爸拿了那些乱七八糟的一大包“猛料”起身就走。

包厢门一开，一群警察冲了进来，随行的还有小美家请的律师。

一件证据确凿的敲诈勒索案。

从发短信就开始取证了，现场一手交钱一手交照片、情书等过程，都被小美爸爸录音、录像了。因为敲诈金额巨大，男方家所有参与的人都被抓了。

女孩子在十五六岁时萌发的情感是非常美好的，但现实往往令人狼狈。两情相悦，以身相许，对男孩来说，几乎没有任何损失，然而对女孩来说，如果发生了性行为甚至怀孕这样的事，对她的人生，是有隐形损失的，甚至很严重。比如身体受到伤害后罹患的疾病，比如可能生下一个计划之外的孩子，在她完全没准备好的时候，承担起原本不属于她的艰难责任。

对于这个年龄段的女孩，我想提醒的是，此时守住身体的边界，也许就守住了人生的边界。在你到了能够为自己的行为全权负责的年纪，再做选择也不迟。

女孩，请珍惜你的身体

要知道，即使在21世纪的今天，整个社会对女性的名誉，也抱持着一种苛刻的态度。

男人可以在自己的社交圈里炫耀自己有多少个前女友，不少人都会觉得这个男人挺有本事。而一个女人如果被人四处传播有多少个前男友，那明显是带着贬义的。

虽然恋爱、分手、结婚、离婚都是私事，但至今，中国社会对女性“丰富斑斓的私生活”仍然采取一种否定态度。

从女性自我保护的角度来说，轻率的亲密关系对女性的健康损耗太大。女性在亲密关系中感染性疾病的概率是男性的3倍以上。尤其在她很年轻时，往往还不会说“不”，也不知道评估其中的风险，不知道如何保护自己。

写作此书时，我看到一个正在寻求帮助的女孩的朋友圈。

她说：“哑巴吃黄连，有苦说不出。”这条朋友圈底下，她的男友用一堆生殖器名称堆砌出一条回复。

但我并不震惊。

她才 15 岁，已经生了一个孩子。

最初帮助她，是因为她的孩子。15 岁的她生下了一个早产儿，她的男朋友、孩子的父亲怀疑孩子脑瘫，坚决不给孩子住暖箱。眼看孩子不行了，我们出手救助，资助了孩子的治疗费用。孩子活了下来，男方又坚决不要——他 36 岁，身边有一个前妻留下来的孩子，对他来说，根本不想再要一个负担。

而女孩在这次生产前还流产过一次。

我试着跟她要流产记录，并劝说她报警。流产记录能证明她是在 14 岁前被这个 30 多岁的男人性侵了，那是刑事犯罪。但她拒绝给我流产记录，也拒绝透露在哪家医院做的流产手术，她苦苦哀求我，没有那个男人，自己活不下去。

我急了，你才 15 岁啊妹妹，那个男人对你又那么坏。

她说，自己都这样了，如果离开他，谁会要自己。“算了，这是我的命。”她老气横秋地叹气。

她的父母忽视她，动辄打骂，她一直没读什么书，很早就出来闯社会，遇到现在这个男友，对方说要收留她，骗她回家后就性侵了她。

她根本不知道怎么拒绝，也没有从这段关系里感受到幸福。唯一得到的是，有个地方可以待着，不必受父母的打骂。可是没过多久，她怀孕了，因为年龄太小，男方带她去做了流产。接着，男的也开始打骂她了。

她对世界越发地失望，反复强调：我都这样了（流产、生育），离开他，还会有谁要我?

这是不公平的。但15岁时,我们还不知道两性之间有这样的不公平:

怀孕了,孕吐的是你;流产了,疼痛的是你;分娩了,哺乳的是你。甚至因为流产生育留下身体疾患,受折磨的也是你。看不到这样的生理差别,动辄鼓吹“性自由”的人,非蠢即坏。

女孩的身体,宝贵而脆弱,和男性不一样。所谓性自由,是可以主宰自己的身体,而不是为了证明自己有权力随意跟人上床。

首先,发生性行为,产生非预期的怀孕,去流产的是女性,不是男性。

其次,前文已经提过,女性在性行为中感染疾病的概率是男性的3倍以上。需要特别提一下的是现在已经呈泛滥之势的艾滋病,其性传播途径主要是男→男→女。

最后,就算现在女性已经逐渐强大,但社会舆论对两性关系混乱的女性依旧充满了负面评价,会在一定程度上影响女性今后的社交、工作和婚姻。

其实,很多时候,所谓的“你情我愿很公平”,无非是一些心怀叵测的人在鼓励女性“没事,你去浪吧”,无非是给男性性侵打开了方便之门。

滥交固然不好,那么,坚守处女身份就重要吗?

别让人生长在处女膜上

互联网上有过这么一次争论:一个25岁的姑娘和男朋友在一起躺

了 6 个晚上，还是保持了处女膜的完整。她为此自豪又焦虑。她很想和对方发生关系，但又害怕一旦发生了关系，“那么珍贵的东西一旦所托非人，没有换来幸福，人就会逐渐狭隘、敏感、多疑、患得患失。那样的我，是无法心思纯净地继续爱他的。”

选择何时、何地、以何种方式发生性行为，都是成年人自己的事，只要满足了“成年、私密、自愿”，完全没问题。

25 岁的姑娘想坚守自己的处女身份，我觉得这是一件值得表示敬意的事——如果她不说那些傻话的话。

问题其实出在这位姑娘阐述自己这样做的动机上。

这位姑娘把她保留了 25 年的处女膜等同于了幸福。因为处女膜是要用来交换一生幸福的，所以不能轻易失去。

幸福是什么？恐怕连上帝本人都回答不了这个问题，但在某些女人眼中，一张膜就能承载它。

问题是，幸福是能交换来的吗？不能啊，幸福是一座天堂，完全来自婚姻中两人的营造，绝非谁能给谁的东西。

在性行为上严谨是保持女性身心健康的基本要素之一，但如果把它当成了一种交换的筹码，也就是把自己当成了货物——货物有何幸福可言？货物是为人服务的，是被人挑选的。如果，你把人格与处女膜挂钩，你的人格就成了商品质量；如果，你把尊严与处女膜挂了钩，你的尊严就不再属于自己，而属于货主。

这么自觉自愿地把自己弱化为一个物品、一个附属，你又怎么能在暗流涌动的生活中把握好生活的舵，看清生命的真相，抵达幸福彼岸呢？

爱是复杂的两性交融，灵与肉缺一不可，彻底否定肉欲，或者彻底追求肉欲，都是在自欺欺人。

处女膜毕竟只是女性生理上的一个组织，而非女神的号角，吹一声，幸福就会像花儿一样从天坠落，紧紧把你包围。所以拥有者为此沾沾自喜，未免可笑，兼有几分可怜。

人们会说：看哪，这女人是长在处女膜上的。千万不要让自己的人生长在处女膜上。

在亲密关系里守住边界

在爱情里，我们都渴望与对方合二为一，你中有我，我中有你。热恋时最渴望的状态，就是两个人如同连体婴儿般，永不分离。

但这是不切实际的。在生命某些最光辉灿烂的片刻，我们有幸与另一个灵魂共舞，但本质上，依然是两个生命——我们可以无限接近对方，但永远是两个人，而且是两个独立的人。

幸福感最高的关系，是相爱的两个人，彼此依旧保有边界感，而这是中国女孩最难学习的一课。

先说一个真实的故事。

一个中国姑娘，身处美国，和她的美国男友吵架了，情绪激动。为啥激动？因为她对那个男的真的很好啊！房子是她姐姐的，生活费基本是她在付："我对你这么好，你怎么这样对我？"

激动之下，走了极端，她拿出一把刀来，自残了。

男友理都不理她，立刻报警。

警察来了，把姑娘控制起来，送到医院缝合伤口，然后把她关进一个类似精神病防治中心的地方，强制她看医生。

想从这里出去只有两条路：第一条，和她住在一起的人，即报警的男友愿意来担保并领她出去。第二条，在这里待足够长的时间，由医生签字同意后可以离开。

她被允许打电话，于是，她给男友打电话，苦苦哀求，希望他能保她出去，被拒了。

后来不得不自己求生，用足够好的表现配合医生的检查与治疗，最后大约是一周，她被放出来了。

她的结论是：我再也不想自杀了。她立即联系了自己的姐姐，以房主身份把男友驱逐出去，并立即和男友分手了。

刚知道这个故事的时候，我真的觉得美方的处置太不人道了。

现在写书，想起这件案例，仔细想想，这个机制其实是蕴含着一定的科学性的。自残或自杀的人，伤害了自己的身体，也可能会情急之下伤害别人；为了保护生命，相关部门自然应该进行包括武力在内的干预及防护。

美国男友的“冷处理”也有其标志性的意义——亲密关系属于我们两个人，但你的生命属于你自己，我不会介入你的生命，也不会和你纠缠，如果你伤害自己，那就交给警察处理吧！

这，就是亲密关系里的边界。

第四课

活出你的攻击性

世界上只有一种好生活——那就是你知道自己是谁，知道自己是一个不容侵犯的、独立的人，知道什么是自己想要的，并能为此努力，自己创造出来的生活。

心是一切的根源，你要保护好你的心。

《苔丝》里有一个细节：苔丝曾被诱奸（性侵），起初她对此并无太强烈的自责，但随着她渐渐爱上男主角，对男主角的爱越多，她就越痛苦。

一个绞索已经启动：你的身体已被他人玷污，你不配拥有爱情，也不配拥有正常的生活。

在这样的理念折磨与驱使下，苔丝向新婚丈夫忏悔。于是，一个人的“十字架”变成两个人的“十字架”。新婚丈夫一气之下离开了。

苔丝的生活陷入窘境。她家人的生活也跟着跌入深渊，以至于失去了祖传的佃农小屋，流离失所，最后住到了墓地里。

苔丝的母亲抱怨：“你干吗要告诉他啊？多少女人遭遇过这样的事儿，尤其是那些贵妇人，人家谁把这个当回事儿到处说啊……偏偏你……哎……”

但一个长期身处这样文化中的女性，想认清这些，不迷失本心，很难。

跳出“传统文化”的怪圈

现在一提“传统文化”，很多人都会想起过一段时间就会死灰复燃的“女德班”。这些机构，打着“传统文化”的旗号，给年轻女性内植病毒代码：你被他睡了——你脏了——你完了——你不配拥有任何美好的爱情或崭新的未来了……

以及很多人默认的：

“女人出轨了，就该被老公打，浸猪笼也不是不行。”

“男人不都是这样吗？难免会犯错。”

这样的双标，在很多女人身上完美结合。她们会轻易饶恕性侵者，她们会一致认同被性侵的受害女性一定是有问题的。

有这样思维方式的女性，她们内心深处的自我评价也是极低的。

想跳出这个怪圈，女孩需要有一个坚定的自我内核。在看完本书前面的内容后，女孩们应该初步明白，自己的身体到底该由谁掌握。

一个文化如果是以男性为主体构建的，那么身处其中的受过教育的女性，可能比没受过教育的女性受到的桎梏与伤害更大。

在面对别人的羞辱——荡妇羞辱时，受过教育的女性内心感受的痛苦要深重得多。

“女性在男性权力垄断的语境中，不仅要假装自己没有性欲，还要假装根本不知道任何与此相关的事或词语存在，甚至不能使用相关词汇，否则就犯禁了。这样一来，男性会公然用性暴力词攻击、羞辱女性，而所有的女性闻此只能落荒而逃，无法直面。因为，光是听到那些词，耳朵就被玷污了。”——这是我多年前做的一个分析。

对女孩来说，想跳出这个怪圈，需要不畏惧这个语境，直视它，直到它如泡沫般幻灭。

名著《荆棘鸟》的作者考琳·麦卡洛在长篇小说《呼唤》里记录了这样一个真实的故事，故事取材于欧洲医学院。

最早的医学院是不接收女学生的，可是男主角那犟脾气的女儿就是要读医学院，最终她如愿被录取了。然而，她遭到了其余全体学生（都是男生），甚至包括男教授的歧视。

男生试图对她发起暴力袭击，如拉开裤子拉链，羞辱、恐吓她。她毫不示弱，把这样做的男生一路撵进了厕所。

教授也刁难她，让她在黑板上画一个男性生殖器。教室里的男生哄堂大笑。

女孩站起来，走到黑板前，用粉笔画出一个栩栩如生的男性器官——让教授大吃一惊的是，她画的是一个勃起状态的男性生殖器官。

教授语无伦次："你、你、你，小姐，你也画得太……"

言外之意，我们临床上看到的并不是这样的。

女孩瞥了他一眼："抱歉教授，通常他们给我看的就是这样的。"

直视这种语境，需要强大的内心，要能平和地对答，既不逃避也不羞怯，但不要在乎，带着蔑视的平静话语，是粉碎性别羞辱的最好办法。

不信的话，你试试这样对付那些讲黄段子骚扰你的人，对付那些把手放在你肩膀上试探你的人：既不要咯咯咯地附和着笑，也不要脸红害羞，更不去娇嗔地打对方，脸上甚至没有多余的表情，用淡定、冷漠的目光凝视对方，不消 30 秒，对方一定败下阵来，而且从此知道你不好惹。

世界上只有一种好生活——那就是你知道自己是谁，知道自己是一个不容侵犯的、独立的人，知道什么是自己想要的，并能为此努力，自己创造出来的生活。

看清现实

亦舒师太的很多故事都是写给年轻女孩的。她们面临的诱惑实在太多。有这么一个故事。

一个单身女子，二十五六岁，身处香港，她家里人已经开始催婚，但周围没有一个她能看得上眼的人。

直到有一天，在一个高雅的咖啡厅，她意外认识了一个男律师。

对方风度从容，衣着洁净，整整齐齐的鬓发因为岁月的浸染有了一点点灰色，却格外增添了魅力。

邂逅之后，男方主动打来电话。同时，一打淡黄色的玫瑰也送到了。

真是样样都称心。

只是，他有一个太太。而且喝咖啡时，女孩已经看出，他和他太太之间十分不和谐。

女孩接了电话。

电话那头传来磁性的声音："……出来……好不好？"

她犹豫了 1 秒。

在这 1 秒里，她已经清清楚楚看见了全部未来。

于是，她稳稳地说："谢谢你的花，但是，不了。"

然后果断挂了电话。

因为她知道，此刻她还可以轻松地挂掉电话，如果继续下去，总有一天，她会在电话这头，哭着苦苦纠缠，再也放不下他的电话。

这一总结，透彻入骨，看得年轻的我满心震惊。

我们常常贪婪地吮吸生命里一点点甜蜜，而全然不顾它有没有毒，也不顾及自己脚下是否即将行差踏空，自己身边是否恶兽环伺。

特别是那些童年缺爱的女孩子，自我价值感很低，长大后，别人一点点的甜头，就会把她迷住。

为了握住一段这样貌似稳定的、有存在感的关系，她们赴汤蹈火，在把自己的心送出去的那一刻，未来就已经睁开了狰狞的眼睛。

我们的社会在很短的时间里经历了快速转型。虽然生活在同一个蓝天下，可是彼此的观点、行为认知可能相隔一个世纪。

我看过一部女主角非常“拎得清”的穿越言情小说。

这部小说的女主角是一个聪慧的少女。

她的聪慧体现在以下几点：

第一，她知道自己的身份处境，并进行了切合现实的评估——她是一个失去母亲的、庶出的女儿。

第二，她明确了自己的优势和资源，并且善加利用——自身美丽聪明，有祖母的疼爱。于是她努力读书上进，并听从祖母的安排，而不是恃宠而骄、任性而为。

第三，她遇到困难，不闪不避，勇敢面对——机智斗歹徒，仗义救闺蜜，冷静怼长辈。

书里有句经典台词，是在她拒绝一个贵公子的追求时说的：

一个并没有什么可以倚仗的人，自然要事事小心。

追求她的这位贵公子出身高贵，人又俊美，是很多少女的仰慕对象，唯独女主角不。但女主角并不是矫情，她也很喜欢他，可她清醒地认识到彼此家世相差太远，对方的母亲非常看重门当户对，想给儿子结一门高亲，所以绝无可能聘她入门。

所以，她选择了有分寸地保持距离，选择了说“不”。

聪明的女主角，清晰地看到了双方间的不对等——你给我带来一场风花雪月的浪漫，浪漫过后，我会把名誉跟后半生都搭进去。

这虽然是一个古老题材的故事，但是把女孩的边界感写得特别清晰，守住自己边界的方法也交代得很清楚。

——知道自己要什么，然后绝不妥协。该直接时直接，该迂回时迂回，坚定维护自己的底线。

女孩们，如果一早就知道结局，请不要接近诱惑，一定要守住自己心的边界。

恋爱或许浪漫，生活可从来没那么简单。两性之间，彼此的优劣之处一定要看清楚。

而推着广大青年女性迫不及待“跳火坑”的咒语就是——你老了。

我听得最多的人身攻击之一就是：“你这个老女人！”其次是：“你这个丑女人！”

一旦你接受了我在前面几课提到的“物化女性”“女人可以被定价”的观念，就很容易接受“我变老变丑之后就没价值了”。

作为一个人，你的价值其实远远不是“年轻”“美丽”或“老”“丑”能定义的。工作时你有技能价值，消费时你有消费价值，在家庭里你有家庭成员的价值，和朋友相聚时你有陪伴和情感价值……人的一生由复杂的综合价值组成，且会随着个人阅历、学习的变化而不断提升。

说到底，外界凭什么用“老”或“丑”作为评价你价值的标杆呢？说白了，这个标杆是男性根据他们的需求来制定的，那你又凭什么让他们以此度量你呢？谁有这个权力呢？

很多女孩在潜移默化中接受了这种评判标准，过了 25 岁就开始惶惶不可终日，哪怕随便抓一个人也要让自己嫁出去。当一个姑娘自我评价很低的时候，悲剧总是如影随形。

一个姑娘在我们的读书群里说，她的一个闺蜜，年薪 20 万元，准备和一个月入 3000 元的男人结婚。婚前，两人准备买房子。

女方拿了一大半首付，男方拿了一小半。但房产证上准备写双方名字，而且婚后必然是女方负责还贷。

女方希望婚前男方能拿出一点聘礼给自己的父母，作为对长辈的一种礼貌表示。男方在双方家长见面的酒桌上，当场拒绝了这个要求。

两人准备去领证了，她哀求男方买一个戒指，随便一个就行，算是两人的结婚纪念物，男方还是果断拒绝了。

在这样的背景下，姑娘还是决定和男方按照约定的时间去领证。

是什么力量让这个准新娘一门心思地拖着这个结婚对象不放手的？

姑娘的妈妈曾说："如果早 3 年，你还不到 30 岁，我一定拍着桌子让你离开，绝不让你嫁给他，可是现在……"

姑娘和她父母在担忧什么呢？她 30 岁了。而男方，32 岁。

她们一家人坚定不移地相信，姑娘的 30 岁比男方的 32 岁卑微了许多。这个卑微，用高出 7 倍的年薪和多付的 1/3 房屋首付款都填补不上。

姑娘啊，你以为一闭眼一狠心，啥都不要，跳进婚姻里就算圆满了？

就冲未婚夫的这种态度，苦日子其实才刚刚开始。

婚前就不能设身处地为你着想，婚后就更难了。

我们说点实际的：

婚后怀孕了，临产能不能"打无痛"？会不会在胎儿性别上纠缠？女方是家里的经济支柱，怀孕生产的过程中，一旦收入下降，家庭的物质基础会不会出现动荡？

这个准丈夫甚至扬言，别看他现在挣 3000 元，未来收入肯定会突飞猛进。

好吧，32 岁月入 3000 元的人，如何实现收入的突飞猛进？

最大的可能就是“创业”。

创业自然需要本钱，这本钱，从哪儿来？

说句不客气的话，一个女孩子，真的找了这样一个不体贴还自命不凡的男人，一旦生了孩子，可能真的会连带着自己的爸妈都被人算计进去，卖身为奴了。

女婿创业，作为女方父母，变卖家产提供资金支持的不在少数。

女儿生了孩子，帮着带孩子，贴补女儿生活的父母，也不在少数。

为了让女儿少受气，很多父母忍气吞声；为了怕父母难过，不少女儿又瞒东瞒西。

凭什么？

就因为“30 岁还没结婚就是没人要，就是豆腐渣”吗？恐婚和渴婚，让很多女孩和她们的父母不断否定自己的真正价值，忽视了眼前的事实，仓促之间所做的决定，一错再错。

看透未来

一位网友写了这样一件真事。她认识的一个女孩——为了 3000 元的一瓶酒，“出售”了自己的人生。

说起来，这个女孩从小品学兼优，长得也很漂亮。在父母的传统教育下，女孩乖巧懂事，一路顺利地考进重点医科大学后，在学校里的成绩也很好。老师很喜欢她，有让她留校的想法。

意外是在大学三年级的假期发生的。

那年暑假，女孩勤工俭学，选择去酒店做服务员。

说到这里，我真的不推荐没有社会经验的女孩去酒店、宾馆这样的服务场所做兼职，因为非常容易发生意外。

女孩操作失误，开了一瓶标价 3000 元的酒。

——其实所谓的 3000 元，跟实际进价肯定相差很大。可当时的女孩不懂啊！

她瞬间觉得天都塌了，也不敢跟父母说。

危难之际，一个男人挺身而出，替她还了钱。女孩非常感激，开始跟这个男人交往。男人离过一次婚，30 多岁，收入很低，没什么学历，也没正式工作。一来二去，女孩就以身相许了。男人让女孩放弃学业嫁给他，否则就是不爱他，女孩同意了，放弃了重点医科大学的学业，跟这个男人结婚并很快怀孕了。

一瓶 3000 元的酒，一次小小的意外，加上孤身在外的惶恐不安，改写了一个女孩原本美好的人生。

可能有人说，不信女孩因为赔不起一瓶酒就委身于一个并不般配的男人。其实说这些话的人不懂，一个眼界尚未开启的孩子，在无知恐慌的情况下，能做出多么不恰当的决定。

我上初中时，曾经为一块玻璃急得整夜睡不着，然后满世界地捡垃圾塑料攒钱。

我在学校，不知是因为擦玻璃还是玩耍，不小心把一块教室里的玻璃碰碎了。老师责令赔偿。当时，一块玻璃所费大约 2 元或更少。但我没有，我妈是不给零花钱的，任何试图索要零花钱的言行都会招致“暴击”。我想了很多办法，比如，把自己家后窗一块没人注意的玻璃用螺丝刀拧了下来，小心翼翼地装进书包，带到了学校，但是悲伤地发现尺寸跟教室玻璃不符。

老师下了最后通牒，限时把玻璃装好。在当时的我眼里，老师的话无异于圣旨，根本没想过反抗。最后我灵机一动，想起随处可见的废旧塑料、易拉罐，觉得可以捡了这些去卖钱。于是那几天我上学、放学的路上都在捡垃圾……看到老师走进教室或发现老师扫我一眼都会非常恐惧。为了一块玻璃，无数次，我想到了抢劫或去死。那一年我 12 岁。

很多在传统家庭里长大的女孩，刚进社会时，并不比 12 岁的我更了解社会。3000 元一瓶的酒，5000 元一部的手机，真的能让她们陷入和 12 岁的我感受到的一模一样的恐惧中。而一些别有用心的人，此时会乘虚而入。

面对这样的软弱时刻，觉得自己无法面对时，一定要想一想，自己的生活是否止步于此？你要很清楚你是有未来的，女孩。

你的未来远不止一瓶 3000 元的酒和一点儿雪中送炭的温情。此刻，如果你屈服于这片刻情感带来的软弱，为了一点迷恋放弃自己多年的努力，也许你的余生都会僵死在这段关系里了。过早地放弃自己受教育的机会，过早地通过恋爱结婚逃避继续努力，那你的人生最高点，以及后代的起点，也就这样了。

我有一个学生群。有一天，一个刚做了妈妈的学生来倾诉：

婆婆的自我评价很低。于是，她就通过各种“作”来刷存在感。比如，每次到了吃饭时间，她会故意迟迟不上桌，非得大家一遍遍叫她后，她才一边抱怨着忙、累，一边慢吞吞地走过来坐下。她很享受这种被大家“惦记”的过程。

我很担心，这样的相处模式会影响孩子。

她必须外出工作，期间只能与婆婆同住，让婆婆帮忙看孩子。

生活中还有很多不如意。她老公是“妈宝男 + 直男癌 + 爱无能”，完全不在乎她的育儿观和家庭观。两人之间连稍微复杂一点的情感交流都难以进行下去，他宁愿把大量的时间花在外面，花在自己一个人的吃喝玩乐上。

她老公说：“有什么可沟通的？我爸，我爷爷，我们祖祖辈辈都是这样娶个老婆过日子的，有啥不对的？”

她希望我给点意见。

我说：“这样是很不好。但是，你别无选择。”

她：“……”

我：“从你接纳他并允许自己怀上他孩子的那一刻起，你今天的生活就已经埋伏在宿命里了。”

是啊，对方就是在这样的家庭长大的，拥有这样的家族价值观，遇到你的时候他已经成年，你还指望什么呢？

你做了选择，命运之轮就已经开始转动。

经济状况不好，宝宝已经降生，所有曾经隐藏或一直放在那里的本相都会青面獠牙地呈现出来。

我又说："好消息是，你婆婆也许有很多缺点，至少没有更坏。在没有根本性利益冲突的时候，不妨尊重彼此的不同。"

她还是放不下："可是会影响宝宝成长啊！"

一个孩子在降生前，是比尔·盖茨的孩子，还是公交车砍人歹徒的孩子，还是普通隔壁老王的孩子，孩子的宿命已经在基因、家族文化和家庭资源的共同作用下确认了 90%。

你已经做出了选择……如果这段关系里没有出现根本的、原则性冲突，还能过下去，不如，把精力放在如何把手里现有的牌打好，经营好自己的人生和家庭，跳出代际轮回，让孩子的起点更高一些上吧！

如果你还没有做出选择……我自己经历了许多，也听了很多真实故事，希望这些经验能帮到你：

第一，不要和一个没有思想也没追求的人谈恋爱或结婚。

一个家庭在社会上的地位，很大程度上取决于这个家庭中男主人在社会上的位置。这是现实。

当然，希拉里是榜样，默克尔更是模范。当你觉得自己可以完全凭借自己成为一个社会楷模，能够独立取得一切荣耀与社会地位，那固然是很好的，可要看清一点，这些成功的女人，至少她们的伴侣不是傻瓜，更不是不读书还拖你后腿的"猪队友"。一个男人，在床头和你谈经济学还是谈艺术或是谈韩剧、枪战片，直接影响你们将来的时间会花在什么上，会收获什么样的未来。

所有的爱情，可持续发展都基于你们共同关心的一切。你们的共同思想和气场，决定了你们今后生活的质量和方向。

第二，不要在一个与你价值观不同的人身上浪费时间。

无论男女，结婚都应该是一件非常慎重的事。你们彼此家庭的门当户对（价值观）非常重要。婚前可能你能接受种种不同，但最终，你会发现，除了你化身圣母或变为悍妇，否则，之前的不同价值观，迟早会直取你的咽喉要了你的命——且通常是在你生孩子、生病、失业、破产等各种紧要关头发作，瞬间补刀，不死也残。

第三，不要和一个身体很差且经济很差的男人谈恋爱或结婚。

虽然这么说很残酷，但是，伴侣身体很差，往往意味着他在今后该尽的家庭义务上力不从心。

经济很差，则意味着他难以胜任父亲的职责。一旦结婚，夫妻一体，你不但要自己走，还要背着孩子走，如果背上再加一个男人，想想你未来的路。走 1 年可以，3 年也还好，10 年、20 年呢？ 25 岁的你做的决定，将在你 35 岁时让你好看。

以上三条，基本决定了你在 35 岁之后人生的基本状态。

现在我们再来说说你还能控制的一些事：

第四，不要让自己发胖或无知。

两者同样可怕。不读书让大脑迟钝，不控制让身体膨胀，还会损害你的健康。

相信我，少看言情小说，少看宫斗剧，多关心财经、时政、民生、体育，会让你的生活更有质量，连气质都会提升。

让我们想象一下：世界杯的时候，裹一身丝质睡衣，“啪”地甩给你酷爱足球的男人一瓶啤酒，自己手里也握着一瓶，把腿搁在他的大腿上，看着电视，闲闲地说：“苏亚雷斯真是人类忠实的好朋友。”他不迷你，迷谁？

第五，不要把生养一个孩子当成毕生使命。

一则自己太辛苦，二则把孩子养得无所适从，从小就要用太多精力应付妈妈的过度关注。

有一种心理创伤叫“被吞噬型创伤”，被母亲过度关注的孩子常常会出现这种创伤。如果只养一个孩子，妈妈一生中完全消耗在孩子身上的时间顶多只有前 3 年。你的一生有七八十年，不要把余生都用在绕着孩子打转上——天天趴在鱼缸上看鱼，金鱼会被看残的。你应该把更多时间用在自己身上，把自己变得更好，更优秀，而你的孩子，无论男女，正在默默地注视并模仿你。否则，等人到中年，孩子长大离家，忽然发现，孩子大了，“你”没了，这是多么可怕。

第六，很早就要开始积蓄，并保持工作习惯，永远让自己有赚钱的能力。

总的来说，人在 30 岁时比 20 岁能挣钱，到 40 岁时到达巅峰，然后开始走下坡路。作为女人，你会发现，手里拥有的一点储蓄，永远是你最好的朋友。而人到 40，必须得维持基本的生活水准，才能谈得上洒脱帅气。你已经不再像 20 岁了，地摊货也不能遮掩你青春的光芒，一件化纤的带蕾丝边的蓬蓬裙也能穿得清纯可人。40 岁的你，需要一些雅致精细的服饰，在许多场合，把自己包裹得像那么回事儿。

第七，了解自己的身体，正视并理智表达自己的需求。

和伴侣坦诚地谈论你的需要，认真地追求两性鱼水之欢——相信我，如果你这样做，你的伴侣也会非常开心——如果他不愿配合你、满足你，建议你要么改，要么分。

第八，宽容，饶恕家庭中亲人的过错。非原则性问题，一律看开些。

孩子打碎了什么贵重的东西，有没有早恋，有没有顶撞你，伴侣有没有暗度陈仓，只要过去了，彼此愿意重建，就发自内心地饶恕他们。没有一段白头偕老的关系里，不是包裹了无数的沙砾。我们如果想一生如珍珠般圆满，就不能眼里揉不进沙子。河蚌对沙子的处理方式，值得我们每个人学习。当然你也可以选择“你的右眼冒犯了你，就把它挖掉”——可这样真的好吗？

第九，及时止损，而且要体面地止损。即使万箭穿心，也要做到克制从容。

如果一段关系有了致命伤，不可逆、不可挽回，为彼此存留最后的体面，作揖而别。

与其在一起“怨憎会”，还不如选择“爱别离”，过好这一辈子，千万不要相爱相杀。我觉得，买一大堆动物放生，远不如在生活中将不爱自己的人放生，顺带也将过去的自己放生，这样更累积善缘。

上面我给出的每一条建议，如果你做到了，都会让你避开生活激流里的无数沙砾粗石。10 年后你回头看，所有那些本来会消耗你、磨损你的东西，都被这些条款巧妙地避开了。世界眼中的你，从容圆润，而非犬牙交错、千疮百孔。

那些不得不防的恶意

一个当老师的朋友说，她班上有 20 多个小朋友，五年级，小男生们经常偷偷议论班上一个女孩，说她是某连锁超市老板的私生女，因为这位老板极其有钱，就算是私生女以后也能继承上亿资产。男孩们更进一步讨论，以后谁娶了她，这辈子都可以不必奋斗了——那是一群 12 岁的小男孩。

这可能是个例，但现在孩子们的早熟，可能远超成年人的想象。

一个十七八岁的小姑娘沉浸在风花雪月中时，可能不会想到，对面那个十七八岁的男生已经在打量着她的家境、条件，思考未来岳父能不能给自己提供帮助。

除此以外，很多女孩还要面对来自婆家的莫名其妙的优越感与挑剔。通常情况下，这些“挑剔”并不会体现在嘴上或脸上。

之前微博上有一位身在美国的博主，写了一件发生在她好友身上的真事。

好友的儿子交了一个女朋友，大学同学，女孩各方面都不错，家境很好，但是该好友并不满意，觉得对方家庭优于自己，双方不匹配。同时，她还挑剔女孩的嘴型——按照相书，这种嘴型会“克夫”。

这位女士暗戳戳地叮嘱儿子，别交真心，随便处处就好了。

女孩准备周末来男方家过夜，还要给“未来婆婆”做早餐。而这位“未来婆婆”则联系了自己的好友，邀请博主一起去围观纯情少女给她下厨做饭。

博主说得风轻云淡，但字字句句，都让家有女儿的我倍感心惊。

一个刚上大学的年轻姑娘，家庭学业都不错，正捧出一颗真心投入她这一生中可能最重要的一场恋爱中，却不知，笑吟吟的男方妈妈心里的真实想法。说句实话，如今的女孩，有几个肯在交往之初就主动上门给男方家庭做早餐的？

我曾经说过，建议姑娘在婚前不要随便去男方家里，更不要随便在男方家过夜。（两人在外同居的另论。）为啥不要？往人性深处说，中国式婆婆，有几个不是把儿子看成自己的眼珠子，对“抢走”儿子的未来媳妇带着几分挑剔与醋意的？俗话说，“小喜鹊，尾巴长，娶了媳妇忘了娘”，交往之初，姑娘最好与男方家庭保持一定的距离感，也不给类似上文故事中的“傲娇婆婆”编排你的机会。

另一方面，女生矜持一点是好事。你的善良、坦诚、待人毫无保留，未必能换得对方的真心诚意。按照我这些年的经验，中国传统式长辈，不会觉得你是为爱不顾一切，反而会觉得你为人轻浮。

很多女孩的父母，教育自己的女儿要做好孩子，要听话、友善、相信爱情，并且会一再告诉女孩，当你对世界满怀善意时，世界必然会报以微笑，对吧？

但女孩的父母怎么会知道，自己娇生惯养的明珠，会这样暗投？不是指门不当户不对，而是“我以为我的女儿在和一个同龄人谈恋爱，我鼓励她去拥抱青春中最美丽的经历，谁知她拥抱的是一个自以为太后的中年女人的满腹心机？”

遗憾的是，真的有不少这样思想狭隘的中年女人。一个年轻男孩去体验世界的真善美，感受最美好最无求的爱情，也是一个男孩深入感受另一个生命的最好机会，是流露内在自我的机会。

其实，故事里受伤害最严重的不是女孩，恰恰是被母亲过度关注的男孩——一个男孩感受男人尊严、成熟人格和丰沛情感的机会——就这样被母亲无情地破坏了。

她手执玫瑰而来，对方则给她铺了一地刀锋。

如果女孩没看清婚前的种种，草草把自己嫁了过去，会怎样？来看看我闺蜜小弥的故事吧！

“我妈真不容易”，这是很多“妈宝男”挂在嘴边最多的话。小弥被这句话愚弄了 12 年。

她中学时代恋上同班同学，就因为对方身上有一种忧郁的气质，挺像当时流行的情歌王子王杰的，所以我们就叫男方王子杰吧。

她被对方眼里的忧郁打动，而王子杰常和她说的一句话是：“我妈这辈子真不容易！”

这个妈妈确实不容易。他爸爸在他妈妈还怀着他的时候，就在外面胡作非为，他刚出生就闹离婚，把家里所有能搬的东西都搬空了，连剩下的半袋子米都拿走了。他妈妈出院回家，连煮粥的米都是去邻居家讨来的。坐月子期间，婆家没有一个人来探望他妈妈。

王子杰爸爸常年不沾家，但只要一回家就借故打骂妻儿。只要他爸爸一喝醉酒，母子俩就瑟瑟发抖。可是，每次挨打，他妈妈都会扑过去抱住他爸爸，用自己柔弱的肩膀护住自己的儿子。

这些经历，是王子杰一生忧郁的底色。这些细节还没说完，小弥已经悲伤逆流，握着他的手，吻着他的指尖说："一切都过去了，我一定会对你好的……也会对你妈妈好的。"

守着这样的一句承诺，小弥真的在大学毕业后就嫁给了王子杰。

其实高中还没毕业时，王子杰就带她去见他妈妈了。

王子杰和他妈妈并肩坐在沙发上。他妈妈握着她的手，温柔而哀伤地看着她："子杰是个善良又脆弱的孩子，我一直在努力保护他，你能和我一样吗？"小弥拼命点头："我能的，我会的。"

"那我把他交给你了。"子杰妈妈说。

他们是旅行结婚的。当然，旅行是三个人一起去的。因为子杰妈妈这辈子太不容易了，从来都没有出去旅游过。

婚后小夫妻俩开始住宿舍，后来小弥的单位福利分房，小弥因为是先进工作者，居然也分到了一套小房子。主卧当然是子杰妈妈的。子杰妈妈挤了一辈子大杂院，终于住上了楼房。

小弥怀孕了，每天上着班，还要抽空去买菜，买了就偷偷放在门卫那儿，下班再带回家。终于有一天，她被主任叫住了："你一个孕妇，怎么天天着急忙慌地去买菜，你不是跟婆婆一起住吗？"

小弥一愣："她身体不好啊！"

主任也是女的，咄咄逼人：“听住你们楼上的同事说，你那身体不好的婆婆还在跳扇子舞呢！”

小弥泄气了，低头讷讷地说：“她神经衰弱……”

生孩子，小弥罪受大了。傍晚羊水就破了，而子杰母子都不在家。子杰妈妈去跳舞，拉上儿子去当舞伴了。母子俩跳舞跳得投入，连小弥和邻居打来的电话铃声都没听见。最后是邻居和小弥父母一起把小弥送到医院的。

小弥早产了，是个女儿。因为破水太早，去医院又拖延了，经历了脐带垂脱后，母女俩九死一生地活了下来。

小弥在医院醒来，身边只有自己的爸爸妈妈。子杰中午才来，提着一个罐子，说是他妈妈给小弥煮的，让小弥好好补补身体。打开一看，里面是一罐汤面，有一块猪蹄，面条早已泡烂了。

小弥才想起来，这是子杰妈妈经常给她自己煮的美容餐。

“我妈妈受到了惊吓，身体不太舒服，我就先送她回去了。”子杰解释为何他妈妈人不在。

直到小弥出院，子杰妈妈也没恢复健康，一直躺在主卧里哼哼。小弥坐了一个月的月子，她妈妈就哼哼了一个月。

小弥这才意识到，这段婚姻是围绕着她婆婆建立的。

子杰的工资卡一直是他妈妈拿着的：“老人想要一个安全感，让她管钱吧。”本来他还想游说小弥把工资卡也交给他妈妈的。

小弥在家休息，收入顿时锐减，伸手要钱，却变得十分艰难。

子杰妈妈并不高声大气，就是微笑着，慢慢问：这个钱是要干吗的？真的需要买吗？纸尿裤啊，对小孩子的皮肤不好吧？新衣服啊，衣服不是够穿吗？小孩子家家的不要总穿新衣服。

小弥的脸色便不好看了。

子杰特意找到她："你怎么能给我妈脸色看呢？"

日复一日，在不断升级的矛盾里，子杰说得最多的一句话就是："我妈特别不容易。"

最激烈的一次，小弥想起自己的付出，对母子俩的掏心掏肺，最后只换来这样一句强硬的最后通牒："那是我妈！这是不可更改的事实！你要么接受，要么……"她脑子一热，差点从阳台上翻下去。

在恋爱婚姻关系中，"我妈这辈子不容易"经常是男方对女方的终极大杀器，像如来神掌一样具有毁天灭地之能。此话一出，再无还价余地。

它之所以成为尚方宝剑，说白了就是用上了道德绑架和身份绑架。

第一层，这句话表达出一种弱势绑架。

因为弱势，所以你不能平等维护权利，潜台词相当于"你跟一个孩子计较啥？""你跟一个已经这么可怜的人计较啥？"相当于在控诉你的不厚道和不人道！

第二层，这句话还表达出一种长辈式的压制。

那是丈夫的亲娘啊，劳苦功高且伤痕累累的亲娘，必须供奉在超然的家庭神坛上，不容亵渎。因此，这句话捆绑住了无数年轻女性的双手双脚，令她们无法反击。

以前小弥觉得，因爱之名，这些付出都没必要计较啊！生生地把自己变成了一个自带薪水、不求回报的 24 小时长工。

直到她生完孩子，生死一线见了人心，也因为有了自己的孩子，要为自己的孩子争取利益，她才醍醐灌顶。

她醒了，别人的话就听得进去了。以前被她认为是反对她真爱的闺蜜、同事，说的都是金玉良言啊！

"他妈妈不容易，你就不是妈妈带大的吗？"

“最讨厌这种把孝心强加在别人身上的！”

“他妈妈不容易那是为了他，和别人有半毛钱关系吗？将心比心，自己做到位了，再来要求别人。”

其实，“我妈不容易”本身就是一张淘汰标签，面对说出这种话的男人，姑娘们应该要慎重考虑你跟他之间的关系。

小弥终于提出了离婚。

钱是不可能从子杰那里要到一分的，他还提出要小弥把房子留给他们母子：“房子是不可能给你的，给你了我们母子去哪里住？”

“那是我单位分的房子！”

“房子不是夫妻共同财产吗？”

小弥冷笑：“幸亏我还没办到我名下。在单位房子里我们只有居住权。”一看势头不妙，子杰妈妈立刻去小弥单位大哭大闹，带着特有的苦命人隐忍的哀伤，拽着单位领导的袖子，挨个儿哭诉儿媳妇的不孝。

小弥被闹得鸡飞狗跳，无计可施。直到一位单位的老阿姨实在看不下去了，教了她一招。

小弥托人找到了子杰的爸爸。他一直没有跟子杰妈妈离婚，但对母子俩不闻不问，甚至连儿子结婚生子都不知道。知道儿子“出息”后，子杰爸爸高兴坏了，直奔小弥家，逼问小弥婆婆银行卡密码。子杰妈妈不肯给，被他打倒在地，并扬言以后每天都会来，直到见到钱。

子杰和他妈妈第二天就搬走了。

办离婚时，子杰恨恨地说：“你真是太恶毒了！我妈妈苦了半辈子，这么不容易，临了你还——”

小弥立刻打断他：“你妈从小不容易是因为她爸妈不好；你妈后来不容易是因为你爸不好；你妈现在不容易是因为你这个儿子不好！”说

着一巴掌拍在桌子上，“快签字！”

小弥终于解脱了，对于这个故事，我还想告诉姑娘们的是：王子杰的母亲确实不幸，但很大程度上，她把自己的不幸转嫁在了儿子身上。她从来没打算从不幸里站起来，去努力创造属于自己的人生，而是以痛苦为食，并用自己的痛苦去绑架儿子。她如寄生虫一般，吞噬着儿子的生活。

当孩子已经成年，最好的爱是放手。但显然王子杰的母亲不管从理智还是情感上都没准备放手。儿子是无法逃脱的，母亲的精神锁链已经绑进了他的骨头里，当儿子结婚后，母亲再利用儿媳妇对儿子真诚的爱进一步控制儿媳妇。

每个生命出于追求自由的本能，都会抗拒这样的压榨方式。

王子杰本来可以很幸福，但他母亲选择不断加强这段共生关系，最终毁了儿子的幸福，也给一个无辜的女孩造成了重创。

对于女孩而言，如果在你未来伴侣的身上发现了他与自己母亲的这种“共生关系”，请一定提高警惕。因为你很难从这段关系里得到你想要的两情相悦。你们的故事里，将一直是三个人。而你，终究无法与你丈夫的母亲匹敌。

专为年轻姑娘设下的陷阱

前不久，一个姑娘来找我倾诉，她痛苦的情绪都能从屏幕里溢出来，以至于唤起了我很强烈的愤怒感。

我们叫她小妃吧！

小妃 22 岁，刚进单位一个月，就被一个年长她 6 岁的男同事老金给算计了。

单位组织员工去外地参加培训，小妃恰好住进了一个单人间。这个男人假借进房间问问题，趁姑娘不备，把她扑倒性侵了。小妃起初不愿意，但碍于在一个单位，怕闹出去自己面上无光，就委委屈屈地做了他的女友。真的是非常委屈，因为男方条件离她期望的婚姻对象差得太远了。

没过几天，老金跟她说，体外射精不会怀孕，她也信了，可是很快她便怀孕了。

老金又跟她说："我会和你爸爸妈妈谈结婚的事，务必让老人满意。"无非是房子加名字，聘礼出多少等。她私信我的时候，我就提醒她："这恐怕只是缓兵之计。等你肚子大了，不能流产了，他怕是要'变脸'。"小妃诺诺。可她还是没有采取任何措施，只是一味地拖着。

拖到快三个月，果然，老金一翻脸：对不起，房子不能加名字，聘礼也是没有的。我就是这样的，愿意结就结，不愿意就分手……

小妃要死要活，问我："岚姐姐，我没做过任何孽，为什么会落在这个人手上？我觉得我一生都毁了。"

我在私信里反复劝她，我这样一个坚决反对堕胎的人道主义者，都忍不住要劝她一定要慎重。

来回拉锯了一个多月，她还是要结婚了。因为周围同事都知道她和他的关系了。真的分开，她就"没法做人了"。

其实小妃有几个节点都做错了，随波逐流地走进了这段注定不快乐的关系。

第一，她不应该毫无防备让男同事单独留在自己的房间。

第二，遇到性侵，她就这么认了，没有报警，甚至还做了对方的女朋友。

第三，她相信自己怀过孕就没人要了，所以，再委屈都要嫁。

过去，确实有通过“性侵”来“生米煮成熟饭”的恶俗。在封建男权文化里，被性侵过的女人就是破损的物品，要么跟性侵者走，要么就随便“处理”——那是因为我们前文就强调过的，女性被物化了。

但时代已经变了，价值观也早就变了，女性也有了选择权。

女孩的成长之路上，要对抗的最险恶的陷阱就是性侵和性侵文化。女孩们需要看到，这个世界上，真的有恶人是以性侵为荣的。

2018 年，空姐半夜打车遇害，新闻底下的留言简直让人触目惊心；乐清女孩被滴滴顺风车司机杀害，竟然爆出若干司机群直播如何骚扰女乘客……

灾难发生后，另一种声音则是不断教育女孩要如何自卫，如何保护自己，防护手段甚至逐步升级。

一位叫“理工狼”的男网友终于忍不住发声了：“你们还要她们怎么防备？难道要她们先下手为强砍死我们男人吗？”这句话博得数万网友点赞。

真的很荒谬啊，从小到大，很多女孩子都是被当成“羔羊”培养的！从小到大，女孩子大都被教育要“谦让、温柔、善良、体贴”，整个文化对女性的审美是“小鸟依人”，是“温良恭俭让”……真的很少有人教女孩怎么躲避陷阱，教她们在不小心踏入陷阱后做到全身而退。

国外有一个著名的展览，叫“被性侵那天我穿的衣服”，触目惊心。

几百个被侵害的女性将她们遇到伤害那天的着装贡献了出来。

我们看到的服装有牛仔裤、T 恤、运动服、长裙、校服、卫衣……

绝大多数被伤害的女性，穿的都是非常平常的衣服。

所以，够了。

问题不在于女人该什么时候出门，穿什么衣服出门，会不会化妆，怎么应对麻烦……而是这个社会，必须用更多的资源教男人控制好自己的原始欲望——在他们成年前，让他们完全明白，不能控制自我的人，会受到法律的严惩，会因此毁掉自己的一生。

不妨看看美国是怎么对年轻人进行性安全教育的。

美国未成年人性教育中很重要的一课是，“发生亲密关系的每一步，都要征询对方的意见”。

孩子们被告知，随着亲密关系的逐步升级，从拥抱、亲吻、抚摸到性器官的接触，在这个过程中，男孩必须逐步询问对方：“可以吗？”在得到对方的肯定回答后，才能继续往下进行。

这不是在开玩笑，这样的性教育会影响他们的一生。这种教育不仅仅保护了女性，也保护了男性。一旦有过亲密关系的两人反目，男性有没有在发生亲密行为时询问对方，对方是拒绝还是答应，对性侵罪名的是否成立至关重要。

再来看看我们这些年的流行文化都在教啥。

“壁咚”、强吻，求爱不成就要死要活，或者你死我活。“霸道总裁文”基本上一半是以一场性侵行为开头，女主角被各种虐待，最后还阴差阳错地爱上性侵她的霸道总裁……

甚至在现实生活中，令人尴尬的场景也无处不在：

一个三四岁的小男孩爬到公园女雕像的裙子底下去看，他爸爸得意地大笑，还特意拍下来发朋友圈，说孩子颇有自己当年的风采；

新娘敬酒，小男宝宝被唆使抓扯新娘的领口，衣襟被扯开了，一桌男士没有一个人想着帮新娘解围，反而同时露出心照不宣的微笑，等着一饱眼福，还鼓励小宝宝“加油”；

学校里男女生被传早恋，男孩的父母一脸的无所谓：“我们家是男孩子，反正不会吃亏。”

小男孩在幼儿园里骚扰小女孩，他妈妈还得意扬扬地在家长群里炫耀：“我们才5岁哦，就把班上的女孩都亲遍了，全盖上了我们老X家的章。”

……

对于女孩的家长来说，面对这样的现状，是必须要提高警惕的。但仅靠一方提高自我防御能力，另一方的攻击性则被视为本事、能耐和性别特权时，就算防守方做到极致，就算把自己修炼成“神奇女侠”，也可能难逃毒手。

所以，是时候终止了！

我们不是那个盾，也不陪玩“矛盾游戏”。应该从儿童开始，我们就要教育男性懂得尊重女性，遵守身体边界，转移和释放他们狼奔豕突的荷尔蒙，而不是传播黄段子、传播消费女性的价值观，更不是互相鼓励去“狩猎女孩”。

每一个女孩都有权利追求自己觉得幸福的生活方式：上下班、旅行、徒步、泡吧、唱K、夜跑、晨跑、约会或拒绝约会，单身住或合租，化精致的妆容或素颜，穿高跟鞋或拖鞋，穿长裙或短裤，穿吊带或卫衣，开车或搭乘公共交通工具，抽烟或不抽烟，喝酒或滴酒不沾……这些都是她自己的选择，任何选择都不能也不应该被作为被骚扰或被伤害的合理化借口。这个权利叫：免于恐惧的自由，免于侵害的自由，以自己喜欢的方式去追求自己认为的幸福的自由。

被伤害后的自我疗愈

在写作《我们为什么被霸凌》时，我收到了成千私信，大多数都是读者幼年时遭遇的校园伤害。有一则私信，我印象深刻，因为它隐藏着深深的悲哀与痛苦。

来信者写了这样一件发生在她中学的往事：

她是我隔壁班级的一个女同学、面容清秀，娃娃脸，一头短发，个性颇为倔强。她是语文课代表，写得一手好随笔。我和她关系很近，经常在晚自习后结伴回家。

有一天下了晚自习，我去她教室却没见到她，有同学说，语文老师把她叫去办公室了。我等了一会儿，去办公室找她。语文教研室里却是黑着灯的，依稀又能听到一点儿声音。

我试着叫了一声她的名字。

没人答应，我正要走，灯却亮了。

旋即，门开了，她冲出来，依稀只见她平日玉石一样白皙的脸通红。我还没来得及问什么，她越过我腾腾腾地跑走了。

我一路追，直到她家门口，她才低声跟我说了一句话："小心XX（XX是我们班跟他们班共同的语文老师）。"

从那以后，她虽然每天按时上学，但一向很好的语文成绩一落千丈，人也越来越沉默，也逐渐疏远了我。

她性格大变，和班上几个混混样的男生越走越近，后来竟然传出她怀孕了的消息。

就这样，她高中没毕业就退学了，嫁到了乡下，和那个据说是孩子父亲的男生没领结婚证就举办了婚礼。

我上大学的时候，传出了她自杀的消息。

知道消息时，是警察来学校调查，随即从学校传出了风言风语。她生前的婆家拿着她的几本日记去报警了，日记里都是她的血泪控诉，说她高中时被老师侵犯了。

但人已经死了，日记内容又含糊不清。她也许是耻于复述那些具体细节，而作恶者又拒绝承认。更糟糕的是，女孩一直都用“那个男人”来称呼加害者。

警方根本无法固定证据。

最后，那个老师一天牢都没有坐，只是灰头土脸地被调走了，还在不断说自己是无辜的。

来倾诉的女生很困惑地问我，她的同学为什么会在受到伤害几年后才自杀？

为什么呢？

被强暴、猥亵或经历/目睹了战争、死亡等重大伤害的人，很容易患上 PSTD，即“创伤后压力心理障碍症”。这种症状是持续性发展的，它也许不会令当事人短时间内殒命，但如果当事人的创伤不能愈合，后期自杀的风险很高。

那么，如何才能治愈这样的伤者？

对被强暴、猥亵的受害人而言，最重要的治愈方法是——我们已经在“不要污名化受害人”那一部分提过——得到公道，即公平正义的实现。

我们来说说另一个故事。

英国女子瓦西丽莎·科姆罗娃，喜欢开着摩托在全球旅行。2017 年，在玻利维亚的一个湖边，她被当地三名男子抢劫、性侵，还差一点被杀死。

那个夜晚，她驻扎在一个咸水湖边。

白天时曾有一个醉醺醺的男人叫她去喝酒，她拒绝了。

凌晨时分，三个男人手持砍刀，把她拖出了帐篷性侵了她，并用刀刺伤她的胸部和腹部，抢走了她的相机、手机和其他财物，砸坏了她的摩托车。

天亮后，她拖着流血的身体，爬到附近的居民家求助，最终获救。

在被救治期她还经历了更恶毒的打击：医院里的一个医生拒绝为她做检查，另一个医生则因为她没钱而拒绝包扎她手上的伤——直到警方介入。

当地官员也不友好，他们劝说她尽快离开玻利维亚。即使警方已经拘捕了那三名男子，官员仍告诉她，这个案子是到不了法庭的。

瓦西丽莎·科姆罗娃没有放弃。

为了把这三个人渣送上审判台，她索性留在了玻利维亚，每天都从警局赶去检察院再去法院，一遍遍地督促着。

检察官声称，没有律师的陪伴，她不会从他这里得到任何答复。

而她既没有钱，也没任何文件能证明她遭遇的一切，更不知道如何在异国他乡找到律师。她忍受着身体的疼痛，面对着各种恶意的羞辱和打击，努力坚持着。

直到英国大使馆出面，当地才开始重视此案。

几经周折，2018 年 6 月，三名嫌犯终于被收监，瓦西丽莎·科姆罗娃等到了她一直苦苦追求的正义。滞留一年后，她终于平安离开了玻利维亚。后来，她还建立了一个网站，希望帮助同样的受害女性。

瓦西丽莎·科姆罗娃曾说：“我不会因为那些混蛋，放弃我的梦想。”

“房思琪”自杀的时候，很多人不明白，为什么过了这么久，她还是不能放下。

因为她没有得到公道。

她明明被欺凌、被伤害，她信任的“老师”利用了她的单纯与信任，操控了她的身体和情感，她被深深地羞辱、践踏，却被粉饰为诱奸、恋爱，甚至自己因此背上污名。她想讨回公道，却差点被告通奸罪。

“上哪儿说理去啊？”

于是，她所有的经历，和“老师”在一起的所有感受，都在不断地从内部攻击她。所有没有得到正义的伤害，都如刀剑，不断绞杀她的心。

杭州女孩张婷（化名）准备从出租屋搬走时，在房间里被房东扑倒：“（他）直接把我推倒在床上，整个身体压在我身上……一只手抓住我，一只手脱我的衣服……”

张婷成功逃脱后报警。她勇敢地在网络上公布了对方的侵害细节——包括那些平常女性难以启齿的细节。

事件被曝光后，更多的女性受害者纷纷站出来为她做证。

最终，加害者楼某被正式刑拘。

压力最大的时候，张婷也试图自残，并在微博多次晒出自残的手腕。

更多的沉默女孩，面对骤然降临的侵害，她们的心理创伤比身体伤害更重且影响更久远。如果没有“出路”——公平正义，伤害会如响尾蛇的毒液一样，可怕地侵蚀她生命中的一切。而社会中对受害人的污名化评判（如“苍蝇不叮无缝的蛋”“你是不是也不规矩”“凭什么不找别人”……）如影随形，会加重受害者的心理创伤。“房思琪”就一直固执地认为自己是“馊了的浓汤”“爬满了蛆的玫瑰”。这些自戕，一遍遍地戳着她的心。

远在她真正自杀之前，她的内部精神就已经枯萎死亡。而她每一次公开的演讲，每一次控诉和出书，都是她在试图自救。但可惜，最终她还是走了。

瓦西丽莎·科姆罗娃如果没有在玻利维亚把性侵犯们送进监狱，此后她全球旅行中的每一日风景，都会是灰色的。

受害者得到的公平正义，才是最好的疗愈。

在这个时代，女性是受法律保护的。每个人都有获得正义的权利。而且人们也逐渐不再轻视受害人了——这一点，我们已经在前文叙述过；这一点，也正在逐步成为社会共识。

受到伤害后，如果没有勇气独自追寻正义，那就去找心理医生倾诉，或者找公益组织求助。说到底，你仍然要面对或遗忘这一切。最重要的是，你一定要相信自己没有任何过错，那些卑鄙的侵害，不能贬低你自身的宝贵价值，也不能污染你的身心。这一切坏的遭遇，不是你的错，唯一的变化就是你获得了自我颁发的勇气勋章。

生命中的其他创伤也是如此。

只要生命还在，身体的细胞每天都在新陈代谢，太阳升起，你又是一个全新的你。只要活着，就没有什么不可改变。

损失了钱财，再去挣回来；丢了某个男人，就想想也许是你的幸运，正好有大把好时光去做自己喜欢的事，比如，去发展自己的事业；失去了工作，咱们再找。

遇到山高水低，一定要向前看。再坏的事，也有周期；走到了低谷，必然会向上。再痛苦，就数着日子，数完 28 天——人体细胞新陈代谢的一个完整周期，你就会好起来。

我少年时读《飘》，郝思嘉的形象是永恒的励志女性经典，她最常说的一句话至今仍鼓舞着我：“明天又是另外一天了。”

第五课

你必须有点锋芒

现代女性如果想更多地参与公共事务，更多地在家庭和工作中争取自己的权益，就必须要亮出自己的“角”。这个“角”，我们可以称之为男性思维。

工作，比一切爱情关系都可靠。

而在你做到安身立命，获得这个社会应该给你的位置前，你将遇到如下的险滩、阻碍甚至是陷阱，这些障碍，最终都把你打落到一个叫“你看，女人就是不行”的坑里。

我想提前给你“剧透”，让你的人生“开个挂”。

如果顺从“习俗”，你会得到什么

我还是想先给大家讲个故事。

女孩叫花儿，是我的学生。

她出生在一个大家公认的重男轻女的地方。从小，她获得的医疗、食物和教育机会，远少于同龄男孩——包括她的堂哥堂弟、表哥表弟。

说几句题外话，在很多姑娘的成长环境里，一直充斥着各种“理论”。

在求学过程中，老师或同学会传播“女孩读书无用”论，“上了中学就不如男生”论，“女孩读不好理科”论，“学得好不如嫁得好”论。

青春期，不少女孩会听到“爱我就给我”论，“学习不如真爱”论。

终于考上大学，毕业了，面对的往往是“女生搞不好科研”论，“女生读书好无非是为了嫁得好”论，“相夫教子才应该是女生一生的追求”论，“学术不属于女人”论，等等。

进入职场，“干得好不如嫁得好”论则是最常见的。

花儿在成长过程中，无数次面对这样的论断，但她凭借自己的踏实努力，一步一个脚印，稳步走进了职场。

在花儿埋头苦干的同时，女同事叶子凭借姿色献媚讨好，在单位混得风生水起，并借机排挤花儿。花儿备受挫折。自己寒窗十年，难道最后还是落进性别陷阱吗？她辛苦工作，敌不过人家的嫣然一笑。

职场升迁无望，花儿的妈妈再次催她嫁人：“你都 27 岁了，再不嫁人就老了！”于是她匆匆嫁人，匆匆怀孕，为此，花儿放弃了进修学习的机会。

孩子出生后，花儿的日子过得筋疲力尽。丈夫并不协助育儿，而是当起了甩手掌柜。

虽然两人都在上班，她下班后却要承担几乎全部的家务。婆婆虽然帮着带孩子，丈夫却理直气壮地彻底与家务“拜拜”了。

夫妻感情开始变淡，加上单位竞争激烈，因为没时间进修充电，花儿逐渐在职场落入下风。

而花儿的丈夫升职了。家庭对丈夫的依赖更大，丈夫也更加不再协助育儿，对她的态度也越加不客气。在这种情况下，丈夫和婆婆还一起逼迫她生二胎。

花儿想离婚。但娘家绝不允许，一旦真的离婚，娘家没人会帮她。

在这样的内外交困下，花儿意外怀孕了。

正逢单位效益不行，准备辞退一批人，花儿主动提出买断工龄，提前下岗。于是，她彻底放弃了自己的职业发展，仅保留了一副子宫和围绕着生育和性存在的价值。

花儿丈夫当面说："啊，这才是伟大的母亲！"转过身则变成了："看，女人就是不行！"

花儿的经历，是普通女性最常见的困境。从一开始，一个女性在教育、成长、职业和婚姻中，就被迫担起了太多责任。

中国女性的工作参与率是70%，居世界之首。但同时，她们还要承担大部分家务并养育孩子。如果顺着世俗的要求随波逐流，过早地放弃自我追求，花儿的困境，就在我们眼前。

不要轻易斩断你的职场之路

一个年轻女孩，刚开始工作，千头万绪，诸事不顺，可能在一个陌生的城市，辛苦攒钱，连要不要喝一杯奶茶都可能要计算半天……

按照惯性思维，她自己和周围的人很可能即将脱口而出的是："结婚呗，结婚了就会容易一点了。"

没错，婚姻似乎代表一种舒适区，也是万千女性千年来的"便捷"路径，但是，其实这是天底下最大的骗局。这个骗局，往往始于你的自欺欺人。

人类的择偶规则大致是这样的：你从事的工作在什么层次，你能找到的配偶通常也在什么层次。

太早结婚，通常不是一个明智的决定。尤其在你自身经济、事业都不成熟时，不会因为结婚，日子忽然就圆满了。如果婚前你的日子并不算好，那么结婚往往不过是把一个人的苦日子变成两个人的苦日子。而所谓两个人的苦日子，不过是把一个人的哑巴吃黄连，变成“双黄连口服液”。

如果说过去还有玫瑰梦、白马王子梦，婚后的物质基础一旦很差，两个人瞬间梦碎未免开始互相计较：男方希望女方带来大笔嫁妆，女方则指望男方奉上大笔聘礼；或者双方都在抱怨对方长辈没有提供更多的财务支持……

为结婚时对方长辈给没给改口钱计较，为戒指是金的还是钻石的计较，为婚纱是租还是买的哭闹……货比三家挑了本地性价比最高的婚宴服务，一堆气球、一个彩门——被租借了几千次的。

你终于结婚了，婚宴还算热闹，人人喜气洋洋，很好，请记住，这一刻可能是你此生的巅峰。

婚后的日子扑面而来。

你要生孩子，你要带孩子，你要为去不去上班、为孩子的屎尿屁和老公吵得面红耳赤；你开始热衷看《爸爸去哪儿了》，为婆婆带不带孩子、能不能把孩子带好纠结，人前人后地嘀咕，碰到有人聊婆媳关系，总想着插进去说几句，吐槽 下自己的心酸苦水。

但是，人生过到这个份儿上，婆婆再难伺候，你也要处理好关系；老公再不成器，也是你孩子的爹。你人生的最大投资已经在那场婚礼里“梭哈”了，要想修正，就要做好从零开始的准备，不，也许是从负数开始。世界上有后悔药吗？没有，只有修正液——留下一个厚厚白色补丁的修正液。

所以现在，请放下对婚礼的幻想，放下余生靠另一个人过上好日子的念头，试着走一条你觉得不太容易的路。

想走好这条路只有三个关键词：攒钱、进修和修身。

现在，关掉你朋友圈里那些撩拨你心弦的名牌包包和名牌口红的广告。拎个LV绝对不会在路上为你增加任何一分的回头率，也不会真正提升你的朋友圈格调。所谓的奢侈品，往往从入手的那刻起，其价值连购买的一半钱都不到了。

我如果是你，会在年轻的时候小心翼翼地攒起每一分不必要花的钱。

当然你不见得会听。

我的一位小助理跟我工作了6年多，有一天，我给她真金白银地算了一下，她拿到手的工资、奖金和红包，不少于70万元。

早在三四年前我就提醒她要投资买房。彼时成都的房子价格还算可心，一二十万元的首付就能买套小公寓。她当时喏喏地应了，转身就去买了单反、苹果手机、苹果电脑以及其他七七八八的电子产品。

后来，我帮她分析，这些消费，都是源于一种脆弱的不自信。

过年回家，怎么能不换个最新款的手机呢？不然亲友也不知道我混得好哇！

上学时就渴望有一个高大上的电脑，终于有钱了，买个最新的苹果笔记本！

出去旅游，人人都有单反，这是都市文艺女青年的标配啊，当然也要有！

她没买房子，手里的钱几乎全变成入手即贬值的电子产品。

我的青春我做主，青春就是用来虚度的，青春就是用来浪费的。

如果不能随意花钱，那我为什么要辛苦工作？

我这么年轻，干吗要把自己绑在一套房子上?

这些话，说得真漂亮。

但是，它们不管饱、不能发电、不能取暖，更不能在你最颓废无措时，给你一个风吹不进、雨淋不进的小屋。

小助理终于悔悟，飞去成都看房。然而，她发现成都的房价已经涨到一个极高的位置了。她家里也很犹豫，要不要资助她，硬凑一凑，还是能付个首付的。在这种犹豫中，半年的时间一晃而过。

下半年，她再回家一看，比起上半年，房子价格又涨了。

我说，你别买了，等着回调吧！

我想跟你们说说，曾经的美国首富摩根家族的趣事。

最早的老摩根开了个杂货店，赚取的每一个子儿都牢牢地攒了起来。

当时美国的鸡蛋论个儿卖。有人来买鸡蛋，为了让顾客觉得赚到了，老摩根就让摩根太太给人取鸡蛋。因为摩根太太的手比较娇小，这样能让顾客觉得鸡蛋大一点儿，所以他家的鸡蛋会更好卖一些。

再说说我认识的 对美国富豪的生活，我们叫他们格林夫妇吧！

格林夫妇是美国某著名连锁店的控股人，也是超级富豪，家族产业在 300 亿美元以上。

我和朋友去见格林夫妇。因为航班延误，我们迟到了，他俩就在会议室等我们一起吃饭。餐点是比萨和沙拉。我们四人吃完后，还剩了一小块儿比萨。

格林太太非常麻溜儿地拿起那块比萨放进了自己用过的一个餐盒里，盖上盖子，准备打包带回家。

不该花的钱，他们至今还是一分不花。

姑娘，无论挣多少钱，我建议你每个月固定储蓄一个数额。

别听“鸡汤”告诉你的：钞票会贬值，今朝有酒今朝醉！钞票是会贬值，可贬了值的钞票也比没有钞票强啊！

当你储蓄到一个状态时，去了解一种收益，它叫复利。

你入手的东西，不要选那些入手5000元，一转手就只能卖3000元的，比如用来装点门面的电子产品，能少买就少买。

如果觉得自己很苦，请想一想，李嘉诚的儿子之所以不必这样苦，是因为他们的父母、祖父母已经苦过了。

如果你是一名白领，工作之余可以去找一份兼职，这样就可以把工资存起来，兼职的钱用来花。

再来说说进修和修身。

我们就以一个灰姑娘的起点为例。

首先，你要确定，是不是愿意选择“自己打拼未来”这条路，或者宁愿选择“不努力就嫁人”的生活，如果自己觉得后者好，那也行。

如果你不满足于把自己的人生系于“别人之身”，对自己还有一些别的想法，那么，不妨开始“打怪升级”吧！

对于技能点为0的年轻人来说，你有的无非是苦力和时间。你的时间不能售卖出去，就会白白流失。以20岁为起点算，你大概有25年的黄金岁月可以售卖给这个世界。如果你打算结婚生育，这个时间就缩短为5~10年。结婚成家有了孩子以后，我不建议你硬生生抛下孩子出去打拼世界，否则，你极有可能因为孩子的教育问题、心理问题，在未来付出更大的代价。

城市中，好的技工是很挣钱的，远比一般的白领收入更高。如果你连上一个蓝领技能培训班的钱都没有，我建议你从家政服务员做起。

在城市里有很多择业机会，从超市的收银员到餐馆服务员，再到公司文员、销售员等。据我观察，最能攒钱的工作是家政。年轻干净利落的小姑娘如果肯从事家政服务，在北上广的收入每月不会低于5000~6000元；如果能做到高级家政，净收入能达到1万以上，而且更重要的是，优秀的家政人员会为你积累下这个陌生城市里的人脉。

认真干两年时间，你不买包包不买其他奢侈品，就可以攒下足够发展新技能的学费。你可以选择继续学习财会、美工、摄影、编程、外语、美容、烹饪等课程。

如果你本身的学历就是大学，那么，去多学一门外语，保持健康美好的身材，多读读文史经哲类的书，给自己的大脑不断充能，这是在提高你的软实力。

工作中，趁着自己年轻，永远不要怕挑战：这件事我不会，这个专业我没学过，法律我不懂……

所有你今天不懂的问题，如果能静下心弄懂，技能点就能增加。今天看起来一个微不足道的技能点，随着日积月累，会在你的气质里成为见多识广带来的自信。

职业选择的方向有很多种可能，共通点就是：努力，愿意学习，永远保持一颗旺盛的好奇心。

如果你在北上广买不起房子，看看在老家能不能倒腾点小产业，比如，开个微店，卖卖特产等。

有闲聊八卦的时间，不妨多看一本书，不是宫斗剧那类，而是货真价实的专业书。实在看不下去，可以选择简·奥斯丁、亦舒或者岚大大的公众号“女拳文化”。那些励志、务实、有指导意义的文章也可以看。

咱们退一步说，就算你的人生目标是“努力嫁人”，那也没问题啊！

你的起点越高，对方的段位才会越高。有文化、有见识、有内涵，相亲时别人也会高看你一眼。彼此间更容易实现平等，凡事有商有量，做个“合伙人”是不是更好？

你看《简·爱》，这部纯爱小说最是真诚不过。

简·爱如果还是一个一贫如洗的家庭教师，她和罗彻斯特能结婚吗？不，她的命运大逆转不是发生在罗彻斯特爱上了她，而是发生在她的叔叔死了，她获得了一大笔遗产。而身为贵族的罗彻斯特，瞎了、残了，房子还被烧了——她和他终于“阶级平等”了。

如果婚姻中的两人彼此差距太大，比如，在经济、社会地位和学识智力上都相差太大，本身是很难匹配的；勉强匹配了，婚姻也不会太稳定；即使表面看起来稳定，婚姻里的实际地位也不会太对等。

如果，在别人拼命储蓄、拼命投资时，你在买买买；在别人努力学习时，你在打游戏；不学习、不努力，家庭条件又不好，长得又不好看，就准备这么一闭眼冲出去撞大运，老天也很难帮你啊！

姑娘，请记住，所有你挥霍的今天，都是未来你为之痛哭流涕的昨天。

了解男性思维

很多女人，最缺的可能不是经济实力，而是独立和勇气。

我亲眼看见一位女士，她家的收入主要仰赖于她，可是她老公拿着她的钱去泡妞，还敢带着外面的女人和她出现在同一家牛肉汤店。

听到这个细节的倾诉，我真的难以置信。

我说："如果是我，会把整碗牛肉汤倒在他的狗头上。"

她苦笑着说："如果是你，他根本就不敢出轨，至少不敢把女人带到你面前来羞辱你。"

我想了想，说："其实我也不是一开始就这么不好惹的。"

我们都笑了。然后，她哭了。

在古罗马，人们会在危险的公牛角上系上布条。这样，周围的人都知道那是一头脾气不好、攻击性很强的牛，会尽可能地不激怒它，让它安静地吃草。

恺撒同期的三巨头之一克拉苏，就因为态度强硬、性情暴戾被称为"角上绑了草的公牛"。

古罗马当时非常流行诉讼，还特别流行诉讼名人——平民诉讼名人，成本很低，且容易名声大噪，收益远高于风险。在这其中，有一个特别爱碰瓷的贵族律师，却从不诉讼克拉苏，他说："他的角上有草。"

读到这个故事时，我忽然意识到一件事。现代女性如果想更多地参与公共事务，更多地在家庭和工作中争取自己的权益，就必须要亮出自己的"角"。这个"角"，我们可以称之为男性思维。

女性历经了几千年的温、良、恭、俭、让的"驯化，恫吓、攻击与威胁"，一系列在男性身上很常见的占有领地的技术性动作，她们统统不熟练。

男性和女性对待问题的思维会有多大差异呢?

举个发生在我自己身上的例子。

几年前我创办了一个机构。不到一年，机构就出现了一些内部纷争。

有一个人辞去了理事职务，且获得了理事会的表决通过，他现场也手写了辞职书（当时有赌气的意思）。按章程，流程已经走完，他不应是理事会成员了。

我却在此时表现出了“妇人之仁”——既没有派人将此辞职书及有关决议拿去有关部门备案，也没有将与此有关的增补理事决议拿去备案——给自己留下了一个大大的麻烦。

我心里的想法是，这只是一场朋友间的情绪之争，假以时日，等双方情绪平复，叫回来一起吃个饭、敬杯酒，也就好了。

然而，搁置并没有让纷争平息，反而越演越烈。其他一些人开始利用这个裂隙扩大分歧。最后，已经辞职的理事愤愤不平地要收回辞职书，转而要求我辞职。

我解释、安抚，跟救火队员一样。对方让我自证清白，我就申请审计，审计完一次对方不满意，那就再来一次——半年里先后找不同的审计公司审计了 4 次。

当然，所有的审计都证明了我的清白。

纷攘之际，在一次聚会上，几个业界领袖问我事情的经过。他们特别关心的一个问题是：“为什么要审计 4 次？”

我愕然：“因为要证明我自己清白啊！”

他们互相看了一眼：“不是一次就够了吗？审计一次就具有法律效力了。如果质疑方不接受，他们必须举证，给出非常过硬的证据证明第一次审计造假，才能让你接受第二次审计！”

几个人紧接着又问一句：“一次审计已有法律效力。在你，流程已经依法走完，你为何要陪他们玩？”

他们的视角把我惊呆了。我这才意识到，他们都是男的。他们展现出一种和我完全不同的思路——他们的思路都是进攻型的，而我则是防御型的。

不仅是防御型思路，我还带着一种渴望安抚好所有的人的急切——说得难听一点，是想讨好每一个人，希望每一个人都对我做的事点赞，认可我：

我希望员工高高兴兴的，因为我争取给他们体面的薪水；

我希望每个理事都高高兴兴的，因为我带去了成果和荣誉；

我希望每一个志愿者都高高兴兴的，因为我带领他们在做一件伟大的事；

我甚至希望每一个粉丝都能高兴而来，满意而归，在我这里获得正能量……

这……这不就是犯贱吗？我心里尖叫起来。

没错，专业的说法是“讨好型人格”。

你有没有讨好型人格——它往往根植于大部分女性的行为模式里。

不敢说“不”，不敢拒绝，不敢为自己的权益讨价还价，不敢走到台前发声，不敢无视哪怕是最不相干人的“不高兴”。

从此，我开始有意识地观察比较成功的男性领导者的行为模式。

他们很少在管理中在乎别人的情绪。

他们做决定时，不会考虑对方高不高兴。

他们考虑的是利益，而不是把大家哄得宾主尽欢。

他们更加自信，有时候甚至是武断。

他们断然不容许别人挑战自己的“头狼”位置，如果有谁越位，他们会狠狠地教训对方，直到对方退回应该在的位置。

当领导者和下属的意见不一致时，很多成功男性领导者的态度都是：

你滚蛋、你走人，我不解释。

而女性，即使是比较成功的女性企业家，也容易在对抗中选择妥协或试着采取一种折中的处理方式。

我尝试着问一位男企业家：“万一你的决策是错的，而你下属的建议是对的呢？”

他毫不犹豫地回答：“为失败承担责任将是我，不是他。所以，必须服从我，这没什么好商量的。”

更有意思的是，男性下属们对这样的领导方式非常容易接受。

“我们宁可跟着狼，也不要跟着狗。跟着狼吃肉，跟着狗吃屎。”

千百年来，男性参与社会化竞争的程度远超女性。女性获得积极参加社会工作的广泛机会时间并不长，所以，在职场，我们需要向男性思维学习的地方还有很多。

他们的商业逻辑不谈感情，而是注重结果、注重实效。

大部分男性在商业中都不忌讳谈钱，敢于理直气壮地索要自己的报偿：“做这件事，对我有什么好处？”

而一提到报酬，很多女性都会本能地退缩：“您看着办吧。”而最后，往往是自己辛苦干了很多活，却只拿到菲薄的报酬。

男性会更注重合同，并且在条件有利于自己时，表现得比较冷血理性。该自己拿的利益，绝不少一分。而女性往往会倾向于“差不多就行了”，会担心“逼迫太紧，对方会不会不高兴啊？”与此同时，男性想的多半是：“我才不管你高不高兴，今天我必须要得到我想要的结果。”

脸书首席运营官桑德伯格曾讲到自己的一个亲身经历。

公司开会，到会的都是各部门的经理。她惊讶地发现，女性经理选择的座位都普遍靠后，不敢往前排去，而男性经理则坦然地落座于前排。

最后给大家倒咖啡的人，也是女性经理。男性也是很自然地伸手接过去。

这个发现让她很受触动。其实这些经理都是同等优秀的员工，但是在同一个平台上，她们则大多数不敢“向前一步”。

女性在竞争中更容易谦虚自抑，当机会摆在面前时，她们会在风险上考虑更多，而男性在竞争上岗时不会考虑是否会得罪人，也不觉得会得罪人，女性则大都会考虑。

男性昂首阔步地走进公共场合，在前排就座，咄咄逼人地谈论某个话题，钢牙铁口地论断事务，无人感觉不适；女性如果以同样的姿态进入，就会招致反弹和打压，甚至自己都会觉得虚弱不安。

回到古罗马巨头克拉苏身上，包括他的绰号：“牛角系草的家伙”。

男性们一出生，他们就被鼓励在角上系草了。而女性，从一出生，世界就在锯你的角。

从现在开始，姑娘，试着让你被锯掉的角重新长出来！

女性间的守望相助

职场对广大女性敞开大门，也不过是近百年的事，所以我们在职场思维上还是要多向男性学习，但是，从另一个角度说，女性有着男性所不具备的独特优势。

女性和女性之间，从物种天性来说，是有结盟本能的。

在丛林里，雌性动物会天然结盟，如雌狮、雌鬣狗和雌狼，都是“母系带娃”的生存方式——雌性通过联盟来稳定群落，对抗外来雄性的入侵，确保后代的存活率。至今在非洲部落中，女性结盟后共同抚育婴幼儿也是依然存在的方式。

现代社会，与男性相比，女性的语言能力更强，更善于沟通，对细节的把握更到位，直觉更准确……这些，都有助于女性在社会协作中成为领导者。

但女性想在职场获得成长，一是需要女性榜样的激励，二是需要克服女性与女性之间的同性相斥带来的损耗。

其实，职场间的同性相斥，是有一定的历史原因的。

在夫权封建制度下，女性没有财产权，所有的一切都依附在男性名下：在家从父，出嫁从夫，老来从子。

一个女性，在家族，甚至整个氏族中的地位都很低，那么，同处一个环境中的妻妾、婆媳，彼此间就是一种资源竞争的关系。拜高踩低、献媚讨好、摇尾乞怜、钩心斗角，等等算计行为都是这样出现的。

宫斗剧看多了的人，对职场的理解是错误的。你以为职场是《延禧攻略》，实际上，职场是《荒野求生》。

荒野求生意味着什么？就是一个团队，或者一个公司，团队成员通力协助，在市场里打拼，保证自己能存活下来。在这样的大背景下，正常团队都会视内耗为大忌。荒野求生模式下，团队通常希望每一个人都能准确地做好自己的分内工作，如果顺带还能帮别人一把，鼓舞士气，改良武器，给团队加速，那真是再好不过了。

明白了这一点，职场上的女性就不该互相排斥，更不需要通过性别色彩去影响其他男同事，给自己提供方便。相反，因为同为女性，彼此捍卫、彼此保护，对双方都是有益的。

另外，我还想提醒大家注意一个潜藏在我们心中的小魔鬼：厌女症。什么是厌女症？这是一种文化中对女性抱有偏见的刻板印象。换句话说，就是本能地不喜欢女性，贬低女性，不信任女性的工作能力。举例来说，“女司机”这个词的存在，一直是暗示女性开车技能差，经常出事故。而事实上，交通事故率的大数据显示，女性司机的事故率极低，超过90%的交通肇事是男性司机制造的。恶性交通事故更是绝大多数都出自男性。在同样的人数比例里，男性司机的事故率也要远远高于女性司机。究其原因，无非是女性性格上更为谨慎、保守，很少主动破坏交通规则，也很少酒驾；而男性司机则远比女性司机愿意冒险，更为莽撞，也更大概率地漠视规则。

有趣的是，至今社会上还是流传着对“女司机”的刻板印象，就连很多女性自己也对“女司机”颇多微词。

有一次我在机场过安检，因为只有一个女安检员，相对旁边的两位男性安检员，女安检员这边的女性乘客通过得就比较慢。

有四五位女性在通道这边排成了一个小队伍。等待中，一位女乘客焦躁地说：“怎么这么慢！”

另一位女乘客回答：“女人就是麻烦呗！”

一个很简单的数学问题——女安检员人数不够啊，所以女乘客就要等啊，却变成她们嘴里的“女人事儿多”。实际上，女乘客通常都很遵守规则，很少会在兜里揣什么打火机、指甲刀、折叠刀之类的违禁物，所以通过得还都算快。

因此，就算是已经有了一定觉知的现代女性，也往往要用极大的理性来克服长久文化惯性下形成的对女性的偏见。

比如，看到对方公开积极地发表意见，就认为对方是个悍妇；

看到对方身居高位，就觉得对方上位手段蹊跷；

看到对方个性鲜明就觉得专横，不好相处；

看到对方温柔和善就下意识地认为是个“白莲花”；

看到对方打扮妖娆性感就认为对方是“狐狸精”……

这些先入为主的观念都会成为你职场上的困扰。

桑德伯格所写的《向前一步》，我已经向很多人推荐了。我认为，这是一本女性必读手册，书里很多章节都谈到了女性和女性之间的互助。

其实女性有很多自己的性别优势，如同理心强、情感丰富、对外柔和、善于倾听。女性也更乐于遵守规则、服从上级。女性因为进入职场的不易，忠诚度普遍较高。

在希拉里的竞选团队里，工作人员几乎全是女性。希拉里曾总结，她领导的全部由女性构成的团队，让她更觉放松。

所以，女性一旦成为领导，如果能从自身开始，摒除性别偏见，将心比心，看到自己曾经的艰难，多给女性员工一些机会，鼓励她们参与竞争，真的是一件非常值得鼓励的事。

我遇到的杰出女性，往往都会提及她们在职场中遇到过有提携之恩的女领导。也许桑德伯格只有一个，但在职场，很多桑德伯格类型的女性在摒弃了性别偏见后，确实可以带领出一群优秀的职业女性。她们彼此间相辅相成、紧密配合，能够做出非常了不起的成就。

一旦女性获得公平的竞争机会，往往比男性更加努力，更加上进。全部由女性构成的团队更为融洽，协作上更加自如，工作之余，往往还会产生一种类似“姐妹淘”的和谐关系。

谨防职场骚扰

职场是什么？除了我们前文提及的“野外生存”，它还是个名利场。但在这个名利场里，色相是换不来成功的。职场，是一次长跑。最终决定你坐在什么位置、取得何等成绩的，一定是你的实力。

拿我自己的职业生涯举例吧。

我 20 多岁时拍的纪录片就拿了“全国好新闻奖”。当时我只是一个基层电视台记者，整个过程全凭年轻能吃苦。盛夏的凌晨 4 点，从 8 元一夜的小旅馆出发去农户家拍摄，跟同事一起搭公交车去几十公里外的市区。摇摇晃晃的公交车上，我扛着摄像机一站就是几个小时。拍到晚上，电池耗光了，回到旅社，一头倒在满是霉味的草席上，我立刻就睡熟了。也就是当时年轻，能熬得住那份苦，换到今天，恐怕骨头都要碎了。

后来我出版了第一本小说，就是托人转交了书稿，过了一个多星期，出版公司就找我签约了。

后来业外人士曾嬉笑着问我：“女作家，是不是和出版社编辑、出版公司老板有那啥啊？”

我将心比心地告诉他：“对于公司来说，利润是第一位的，一本没有销路、印出来注定是赔钱的书，你就是我妈，我也不能给你出啊！靠情色关系？你应该去看看医生了吧！”

职场也一样，本质都是逐利。

对于老板来说，能产生利润是第一位的；对于上司来说，绩效优秀是第一位的。

职场，一看背景，二看能力，最不能看的就是“睡出来的关系”。

即使有人能短暂地“睡”出来，也只是换得短期利益，在长远的工作关系里，迟早会成为弃子。

坚定了职场不能靠色相上位的想法后，我再来说说怎么防止职场性骚扰。

要避免性骚扰，第一件事，是要自己拿定姿态。

如果你是一副百毒不侵的淡定样子，周围递过来暗号、那些疯话，你都不接茬，那么骚扰很可能会消失于无形。

给大家举一些例子。

职场里常见的一些包含性暗示的话有：“哎呀，小李，你多大了，有男朋友了吗？”你大可以礼貌地回答：“有了。”

如果对方接着问：“你们在一起多久了，住在一起吗？怎么没见到他来接你啊？”

你不要像个傻姑一样，问啥答啥，话到了这个份儿上，你就该主动切断：“这些八卦有啥好说的！对了，老板的那份报告什么时候给他？”巧妙地把话题岔开。对方稍有点常识，也就明白了。

其次，正常情况下，不要和男同事单独加班。

跟男同事单独相处，尤其是在狭窄的办公环境里，很容易让对方生出一些不好的想法，除非对方人品确实可靠。

再次，进老板的办公室，要随手开着门，对你、对他都好。

现在欧美很多大公司的标准办公室都是透明玻璃墙，能隔音，但是可以看得清人影，就是为了避免一些瓜田李下。

第四，不要喝酒，更不要喝醉酒。

如果一份工作必须要靠女人去陪酒，辞了吧，对你的职业技能没任何帮助。你又不能在履历表里写上：“擅长喝酒应酬”。

当对方试图把手放在你肩膀上时，冷静地说：“麻烦让开。”迅速起身、走开。有两次对方就明白了。如果他继续装糊涂，不用客气，直接冷冷地盯着他，盯到他明白你的意思为止。如果对方还不死心，继续骚扰，甚至想霸王硬上弓，在保护好自己的前提下保留证据，等证据足够后，一举把他拉下马。

之前北京有一家银行，就出了这么一桩事。

一个支行的信贷科长让女员工早晨去找他汇报工作，而他，当时住在宾馆里。

女员工发微信问他："我是在宾馆大堂等您吗？"

他无耻地说："到房间里。"

女员工说："不要吧，不太方便。"

他就图穷匕见了："信不信我让你马上失业？"

女员工马上把跟他的微信对话截图发到了互联网上。

看看到底谁会失业！

这些年，职场反性骚扰、高校反性骚扰，都已经很成气候。受害人不再被一股脑儿地污名化，女性的底气都足了很多。因此，现在想预防职场性骚扰，在很大程度上要靠自己心定。

心不定会怎样？我也有例子。

以前我上班的单位有一个很有男人缘的女员工。

跟男上司相处，她时不时地给人家撩个领带，整理一下衬衫领子；跟男同事，则经常搭肩搂背，给人捋头发，摸脸蛋，她还能恰到好处地把这些暧昧动作包装得天真无邪！

玛丽莲·梦露生前曾说："我无数次蹲下去，拉开男人裤子上的拉链。你不做，门外就有一个女孩在等着。"

所有的性骚扰，其实都源自权力带来的自信。而如果你不想从这权力里得到好处，它就无法要挟你。有时候，当你别无选择时，又怎么办？

比如，你很想得到这份工作，可是对方以此要挟你，不贡献身体就不让你得到机会。在有的单位，甚至把性骚扰当成一种文化。

2017 年，某著名互联网公司爆出团队活动上的种种不堪照片。比某些乡村婚礼还要污浊：女同事从男同事的胯下钻过；男同事扶着女同事的腰，一起表演撞气球；一个组的男女同事，嘴对嘴喝交杯酒……

面对这种公司，我的态度是：

第一，转身走吧！良禽择木而栖，当下也许这个工作诱人，但要你付出的代价可能是长期的，它可能会影响甚至打碎你的人格和工作习惯，甚至拉低你在业界的风评，真的不值得。

第二，如果对方欺人太甚，就取证、曝光。这个世界是有规则的，对于设置这些潜规则的人，就用规则来教训他吧！

第三，勇敢地在社交媒体上对这些个人甚至集体的性骚扰说“不”，大声地表达你的意见，而不是含笑忍辱，随众接受，更不是欺骗自己或其他姐妹说：“哎呀，这些都是玩笑啊！”

职场里哪来的玩笑？职场的身体边界不容侵犯——我是出来卖力气的，不是出来卖身的。坚持你的原则，它会帮助你走得更远。

那些妥协或主动迎合职场潜规则的人最终会怎样？

当年，我那个利用性魅力把潜规则变成自己垫脚石的女同事，并没有好下场。

绯闻多了，她的名声就坏了。

一开始，所有的女同事抵制她，只要有可能，都不和她合作。再后来，男同事觉得这些调情可能会影响自己的工作晋升、声誉评价，一个个都正人君子似的不再接受那些性感娇媚的示好。甚至，有男同事渐渐开始用“荡妇羞辱”来打压她。她很快被孤立了，失去了晋升的机会。而她过于自负自己的性魅力，在职业技能上荒废已久，公司新进的员工马上就替代了她。不到30岁，她已经面临末位淘汰。

因为在单位的风评不好，她一直没有找到合心意的婚嫁对象，最后委委屈屈地找了一个她并不中意的人，凑合着结婚了。据原来同事说，婚后她也不幸福。

获取家族支持

每一个女孩，都需要得到家族的支持；每一个女孩，都应该被当成继承人来培养，而不是被视为“泼出去的水”。

家族，是一个女孩的加油站、助推器和避风港。希望有女儿的家族，能够重视并保护女儿的职业生涯，在任何时候都能做她的后盾，而不是动不动就说：“放弃吧，嫁人吧，忍忍吧！”或者是“你一个女孩子，追求什么事业啊？”

通常而言，父母在子女身上的投资，决定了后者今后人生所能达到的高度。

我母亲算是家族里她那一辈最聪明的孩子，4个哥哥都不想读书，她乐意读。最小的哥哥和她坐在一个教室里呼呼大睡。而她之所以愿意读，是因为从小就有一种恐惧：如果不读书，一辈子就这样了……十几岁就有人上门说亲，等到嫁人当了妈，可能会挨揍，可能拉着一堆娃艰难度日。

最后，小舅坚决不读书了，摸鱼抓虾还能卖钱，多好啊，比大热天坐在课堂里打瞌睡强多了。

我外婆是书香之家出来的，她对几个儿子的选择近乎失望。而且她自己见多识广，从小跟着我曾外祖，目睹各种吃茶讲理判事，也算是接受了那个年代女孩很少能得到的教育。因此，唯一的女儿有天资，她愿意给她读书机会。

于是，在家境贫寒的困境下，我外婆一直供我妈妈读书。

我妈妈非常珍惜这个机会，一路考上了大学。因为家境贫寒，她经过考量，选择了军校。一旦考取军校，职业生涯就有了保证，未来的生活也有了保证。

作为职业女性，从军人、公务员，再转职做警察，我母亲有几个特点，值得分享给所有的职业女性：

第一，她永不迟到。她年轻时家庭负担很重，带孩子的重任都在她身上。哪怕这样，她也从未旷工或迟到过一次。

第二，她喜欢阅读，一边读一边记笔记，因此文笔很好，写得一手好报告。

第三，她口才甚好，这是天赋，也是自己努力锻炼的原因。

这三个职业习惯，她也教会了我。坚守工作岗位，让你不断积累自己的信用值；喜欢阅读做笔记，让你不断提升自己的技能值；口才好会表达，让你能更好地发挥自己的能力值。

作为职业女性，即便孩子已经就业，也要不断进修，晋升职业技能。如今的知识每 5 年就更新换代一次，不学习，那可不得了。

如果孩子在职业上遇到困境，尤其是女孩子，比如遇到了上一节课里我们说的职场性骚扰，无路可退，家族就要成为她坚强的后盾："回来吧，家永远是港湾，咱们重新出发。家族会支持你讨回公道。"

此外，父母应该尽早帮女孩做职业规划，帮孩子发展自己的爱好——现在是爱好可以赚钱甚至是赚大钱的时代，而一个人能从事自己喜欢的工作，所能取得的成绩往往事半功倍。

家族内如果有职场人脉，请尽可能地介绍给自己的孩子，助力他们的职场发展——过去，大多数家族都遵循这样的习惯，家族资源都介绍给女儿的丈夫，而不是女儿；甚至有的家族企业，也是交给女儿的丈夫去经营，而不是让女儿亲自经营，这种做法美其名曰扶持女婿。

而女儿一方呢，可能也觉得扶持自己的丈夫挺好，自己也乐得不去奋斗。但根据现实看，这可能是一条极其危险的道路，也是一条已经落伍了的道路。

丈夫借助岳家资源成就了自己，一旦翻脸，妻子就会错失所有的机会成本，痛悔无极，因而酿出很多悲剧。

过去女性参与社会工作的机会少，发展空间小，甚至包括女继承人，徒然坐拥庞大资产，但商业经营还要靠丈夫出面。现代社会已经不同了。女性在绝大多数职业领域都能和男性担当同样的角色，女性的职业上升通道也比过去好多了。如果是商业资产，就算女性自己不愿负责经营，也有成熟的职业经理人制度为她们保驾护航。

职场曾经是一条只能男人过的河，但现在的环境已经完全变了。飞机上的乘客性别比例最能体现这一点：2000 年前，国际航空数据里，女乘客占商务舱的比例还不高；到了 2016 年，女乘客已经占商务舱总人数的 46% 以上了。

女孩，这条属于你的河流，未来会更加宽广，而你，做好准备了吗？

第六课

女人要先嫁给自己

“结婚前，她先嫁给了自己。”这是我的名句之一。当你真的了解自己是谁，以及你真实的需要后，再开始进入亲密关系，这是更为妥当的。

这是非常严肃的一课。

少女们从小读的童话中，最经典的结尾都是："他们结婚了，从此白发千古。"

但真实的生活恰恰相反。对女孩来说，结婚是世界上最容易的事。如果没有符合自己要求的结婚对象，稍稍退而求其次，下嫁总是很容易的吧。

深呼吸，我们不妨先来看一组数据：

（1）我国 30% 的已婚妇女遭受过家暴，每年有 9.42 万名女性因家暴自杀；

（2）女性遭受的性暴力大多数来自丈夫或男友；

（3）80% 的已婚妇女身患妇科疾病，病因多因她们的丈夫卫生习惯糟糕；

（4）87% 的《婚姻法》24 条受害者是女性（虽然 24 条已被重新定义，但它呈现出的女性婚内经济不自主和被负债的高风险可能性依然存在）；

（5）全国范围内离婚率已经超过 30%，较高地区在 40% 以上；

（6）80% 的离婚诉讼是由女性提出的；

（7）63% 的离婚诉讼以失败告终，现在法院还增加了离婚冷静期；

（8）中国男性的家务时间在全球位居倒数，而中国女性的就业率高达 70%，居世界前列；

（9）中国每年有1300万例女性选择人工流产，另有1000万例选择药物流产，她们中80%是已婚状态。

姑娘，如果选择错了对象，轻易结婚，女性在一次错误的选择中付出的代价远比男性大，所以我希望你们格外谨慎。

请先嫁给自己

“结婚前，她先嫁给了自己。”这是我的名句之一。

当你真的了解自己是谁，以及了解你真实的需要后，再开始进入亲密关系，这是更为妥当的。

我先说个不幸的人生典型吧，一个专职“打小三”20年的新闻人物，她是一位离异女性。

张某离婚20多年了。这些年来，她怀着满腔仇恨带领一群都是“弃妇”的女人四处“打小三”，据说已先后帮助了许多人。

面对镜头，她说：“掀开被子，我就朝下半身打啊！你哪儿有用，我就打哪儿！”

她咬牙切齿的表情，令很多人不适。

我曾经在广东卫视《社会纵横》节目现场遇到过她。她是节目的当事人，我是嘉宾，对于她的一些言论，现场有过一番辩论。

但我始终没能拿出最犀利的态度对待她，就像我在微博上一样，始终没有把刻毒的言辞用在她们这样的“大房教”信徒身上。

因为我看到了因，也看到了果。

已婚妇女里，那些因被遗弃而歇斯底里打“小三”的，既是受害者，又是加害人。她们受困于时代限制。她们自幼受到的教育中，社会价值观是：你伺候好了男人，遵从三从四德，牢牢地抓住他，就能顺当地过一辈子。而且这其中有一个暗暗植入的人生前提：你得有个男人，这个男人和你过了一辈子，没有离婚，你才是个幸福的女人。不管这男人是啥德行，总之在外人眼里，你们天天一块儿出门，回家门一关，是打是骂是跪，那都不关别人的事。只要没拿离婚证，熬到一方死了，你一个女人，就赢得了人生的圆满。

这种观念对人的催眠作用巨大，不论男女。因此，许多男人，甚至以为维持婚姻就是对自己妻子的一种恩赐。

我真的在饭局上听过这样的话。有个熟人，谈到八卦时，他狠狠地说：“要我说，一个男人对女人最大的好，就是永远不和她离婚。”

他是认真的。说完，他笑了：“比如我，不管在外面有多少个，家里的红旗永不倒。”

他的太太我也认识，一个很能干的女人，一心操持家事，真的一直在隐忍他的一切，并且深切认同他说的，只要不离婚，就是对她这个太太的最高致敬。

说句题外话，他们后来的日子过得很不好。因为他全权主宰家庭，结果因为生意失败，亏光了全部家当，人生一败涂地。

对于我们这一代女性来说，这位男士的观念已经是一种恶臭的价值观。其实不管他的生意最终是盈是亏，在我们来看，他的妻子已经在这样的婚姻里熬干了情感和健康——这才是一个女人一生最大的亏损。

你的一生，如果在不被爱、不被尊重中度过，这是一种爱无回应的绝望之地啊，人怎么能允许自己过这样的生活呢？

然而，许多女人熬死熬活地甚至把子女都搭进了一段不幸的婚姻里——孩子因为目睹父母间的不和，自身性格和对亲密关系的处理方式都变得畸形——即便如此，她们也在所不惜，就为了“熬”出一个“圆满”人生，因为她们坚定不移地相信：不离婚就是最大的人生成功，而离婚了就是一个女人最大的耻辱。

她们中的很多，把自己早年的精力全用在了“拴”住男人而不是发展自我技能和自我人格上，半生为奴一样为一个男人服务，并坚信这就是自己一生的事业，而且应该会得到好的回报。

眼看男人熬出头了，家里经济条件好了，忽然，自己被“炒鱿鱼了”，被“篡位”了！

以前当奴隶的，就变成苦主；以前是忠犬的，就变成藏獒。主人是不敢咬的，毕竟还盼着主人回家；只要主人肯回家，她一切都能原谅。

想承认主人是个彻头彻尾的坏东西也是痛苦的，否则，岂不是承认了自己半生所维护的都是骗局和谎言吗？不是否定了自己半生的一切努力吗？因此，最容易的事情是恨“小三”啊！

在“大房”的对立面，也有一些同样是女奴心态的女人，不管对方婚否，就为着一点点的爱、一点点的钱，也凶狠地去撕咬对方：发短信、发艳照，希望刺激在位的“大房”，激怒她，逼她早点“退位”。她或许觉得，一旦如愿上位，就得到了美好的人生。事实上，他曾经如何待她的，未来也会大概率如何待你。

不论是“大房”还是“小三”，不过是渣男全能自恋游戏里的两个配角——看不清现实的女人们，全身心地投入其中，互殴，或以凌虐对方为快，快醒醒好吗！

在一段已经背叛的两性关系里，撤退是最好的选择。

有一位网友曾在我的博客激愤地留言：“如果你老公出轨，你就能理解‘打小三’女人的行为了。”

呵呵，并不会。

在我来看，相爱是继续恋爱或婚姻的唯一理由。

彼此相爱，欢欢喜喜地一起玩儿，一起红尘相伴。面对不喜欢的人，连一起吃饭都别扭，何况要几十年朝夕相对？

这就像合伙开公司，必须是在一起高高兴兴赚钱的、齐心协力发展的才能长治久安；如果一家公司一年不赚钱、两年不赚钱，三年五年还不赚钱，难道不会拆伙？

一段婚姻，彼此不相爱，彼此传递负面情绪，怎能持久？

弗洛姆说，真正的爱情，是在彼此身上唤起某种有生命力的东西，而双方都会因为唤醒了这样的生命力而充满快乐。

不成熟的爱是什么？就是“我必须被你所爱，否则我就会死！”

这是小孩子对父母的爱。因为小孩子没有父母就活不下来，所以他们天然地爱父母，并充满了占有欲。

而成熟的爱则是“我爱你，是因为我们在一起彼此都很快乐。如果你不能感受到由衷的快乐和爱意，我的爱也会消退，并且这段关系也随之丧失存在的意义”。

只有小孩子才会因为“离开”或“失去”而满地撒泼打滚，痛不欲生；成年人则会了解，一旦有一方不爱或无感，这样的关系就是对自己的折磨。

但太多的人，在情感和心智上如同孩童。她们/他们牢牢地抓住一个爱恋对象，如同在幻影中努力抓住了曾离弃他们的父母。任何离开都是天崩地裂，都能让她们/他们歇斯底里。

一段稳定的关系，就像一滴水，H_2O，由两个氢原子和一个氧原子组成。随随便便再加进来一个元素，就可能会引起爆炸。如果想拆开这个分子式，是要付出代价的。

两个明智的成年人，如果深谙人性，抱着彼此相爱的初心结婚，恪守规则，远离诱惑——婚姻白头偕老的概率会比较大。

当然，实在有一方扛不住诱惑，或活到四五十岁了跑出来说：我遇到了今生真爱，我这辈子想换个方式（伴侣）去活一次。这谁能管得住啊？不爱了就别折腾。公平地分割财产，安排好孩子，利索走人。

公司允许拆伙，结婚可以离婚。这是无人可以逆转的自然之道。

你越早接受，你的人生，你自己的感情和心，就越可能在风暴中将损失降到最小。

所有那些把恋爱和结婚弄成了你死我活、同归于尽的人，都是被自己的愚痴障目了的人。

因此，结婚前，请先嫁给自己。婚恋中，如果对方不能深深地唤起我生命中的美好，我的美好也不能被他看见，彼此之间不再有温情流动，也不再有改善彼此关系的希望，无论原因是出自我或对方，都请及时抽身、终止关系。

那些生命中的美好分享包括：性，经济，共同养育孩子，美食，情感体验分享和创造力。

如果在两性关系里，以上 6 项指数都是向上的、美好的，你们的关系就很牢固。

如果 6 项都是破碎的、苦涩的，你们的关系就非常破败。不管以何理由继续捆绑在一起，我觉得，这种关系都不堪一击，且是在浪费生命。

结婚前，先嫁给自己，这样，才永不失恋。

彩礼的真相

要结婚了，一个经久不衰的话题是：要不要彩礼？要多少合适？要彩礼就不道德吗？

江苏盐城一对小情侣打算国庆结婚，女方父母两度加价，彩礼从 10 万元加到 21 万元……

男方炸了！

女孩苦苦哀求对方看在爱情的分上给了就算了。甚至表示，实在不行，她自己去借。

男孩则说："我爱不起！"

舆论上再次掀起一场男女方大战。有支持给的，也有唾骂女方卖女儿的，甚至连官媒都出来呼吁移风易俗，改变彩礼陋习。

今天咱们就把彩礼这事儿，在这本书里给大家说透了。

彩礼，其实特别像过去骡马市的交易金。

两方蒙着大棉袄子，手指拢在袖子里，你掐我算，你推我挡，最后呸地一口唾沫吐在地上，钢牙铁口地宣布：成交！

多少钱成交的？双方知道，他们边上的骡子啊，驴子啊，马啊，是不知道的，只能吧嗒吧嗒地眨着萌萌的大眼睛，看着新旧两任主人。

听着怪难听的。可是旧时的彩礼就是这么回事儿啊！过去的彩礼，就是夫家出钱给父家，娶（买）回来一个妻子奴隶。进门了不是来享福的，旧时女子的结婚就是一生操劳的开始：炊煮、纺织、耕作、养家禽家畜、生孩子、带孩子、缝补拾掇，伺候公婆、清洁打扫，还可能经常被家暴。旧时女子，终身劳作，不得安息，怀孕、分娩，大部分会重复十次以上，其间还得承受极大强度的体力劳动。以现代人的眼光，回头想想旧时女性所承担的生活劳作，简直难以想象那种苦。

夫家使唤妻子，压榨并利用其一切价值，也是相当理直气壮的：我出了钱的。娶来的媳妇买来的马，任我骑来任我打。《白鹿原》里，白嘉轩娶一个妻子，可是要几驮子的棉、粮和一摞一摞的银洋的啊！

这一摞一摞的银洋，到底给了谁？

过去，彩礼必然是归女子娘家——也就是岳父一方的。

至今，仍然有许多家庭继续着这个“传统”，在女儿婚嫁时获利，截留这些钱财。而这些钱，主要用于给家庭里的男丁，即出嫁女子的哥哥弟弟，去“娶（买）”老婆。

当然，过去也有富裕家庭因为疼爱女儿，不仅会将彩礼折在嫁妆里奉还，还会多陪上嫁妆，这是希望女儿在夫家不受欺负，不被虐待，当然，为数甚少，一般多见于大富或贵族家庭。

其实在事件发生地盐城，21 万的彩礼，称不上天价。只是有一个问题非常微妙：这钱，最终给了谁？

如果说 21 万，娘家一点儿都不截留，都是馈赠给小两口的，相信不会引起这样大的纠纷。双方都心知肚明，说到底都还是孩子们的，这种形式不过是为结婚凑个热闹。

男方家庭之所以发怒，很大的可能是这些钱是以后要留在女子娘家的。一想到这个钱要打水漂，男方家庭就不愿意了。

而女方家庭的看法则多半是：我把女儿养这么大，现在去了你们家，自带收入的全职保姆加育儿机器，我总不能什么也落不下吧！

如果女方家庭真的这么想，其实也就是在心理上默认了“嫁出去的女儿，泼出去的水”，也就从来不曾把养育女儿作为父母应尽的义务，更没有把女儿未来的福祉当成家庭计划。

很多农村男性娶妻压力巨大，利用女儿换取儿子成家立业的资本成了一种常见现象，以至于现在很多人把家里有哥哥弟弟的女儿，像樊胜美那样的姑娘称为“扶弟魔”。

就像我们前文所说，太多的女孩，很早就已被植入这样的思想，为了取悦父母，为了尽那些强加给她的责任，她拼命地用性别资源啃食男方。但悲哀在于，她自己的未来呢？她自己后代的利益呢？

当然，如果盐城这个姑娘家没有哥哥弟弟，而且父母准备把这些彩礼都给女儿，上文所有的分析则都不适用了，此时，我们就可以进入下一个分析环节：彩礼到底该不该要？

想回答这个问题，我们不妨先看看当下中国社会的现状：

首先，婚后夫妻双方一旦离婚，是没有给女性赡养费一说的。

其次，女性生育是没有社会福利支持的，也没有离婚补偿一说。

再次，结婚前，普遍由男方买房，属于婚前财产；如果有房贷，则是婚后夫妻共同偿还。

婚后，大部分家庭是男方会全力拼事业，女方则会把更多的精力放在育儿和照顾家庭上。这样一来，很容易造成男方的社会价值不断升值，而女方的社会价值不断贬值。说句难听的话，男方立等可得孩子，女方冒着生命危险生下孩子，事业发展受阻，而一旦离婚，却没有任何风险补偿。

在这样不平权的合作里，要么事先订立一个补偿条款的婚前协议，像欧美婚姻那样：如结婚多少年，一旦婚姻破裂，女方可以获得多少补偿；有几个孩子，可以分割多少财产；甚至女方再婚或有充足收入之前，可以获得多少赡养费。如果没有这样的补偿机制在前，我认为，女方婚前为了避险，是可以要彩礼的。彩礼即为女性应对未来风险的一笔补偿金。

但是，这笔钱，不应该留在娘家，也不应该归于小家，而应该作为女子自己的独立财产被存储起来。

父家要彩礼，是推卸自己养育女儿的应有义务，想最后勒索一笔，这是在透支女儿未来的人生。在我看来，实属无情。

夫家不给彩礼，是想空手套白狼，不做任何付出，就把另一方绑定在一个风险完全不对等的合作关系里。在我看来，未免鸡贼。

女孩子们，你们一定要想好。你的父母把你抚养长大，是他们的义务，是对子女应尽的义务，你不因此欠任何人的，更不必需要透过牺牲自己的未来和婚姻去满足家长的索求。

你这一生，既不属于你的父亲，也不属于你的丈夫，你不是那只眨着萌萌的大眼睛等着别人谈好价格的骡子，更不要当那只帮着主人谈价格的骡子。

骡子被人卖了，还知道抛起蹄子嘶鸣几声，你要是被人交易了，还帮着数钱，甚至起劲儿地游说其中的一方买主或卖主，多出点钱或少要点钱，该醒醒了！这钱和你有啥关系啊？

你，一个夹心饼干，那么操心干吗呢？

给你们说说刘玉玲的故事。

美国著名华裔影星刘玉玲是那种从小就受够了原生家庭折磨的女孩，她一开始工作就努力存钱，她给那笔钱取了个名字："去他大爷的钱"。这笔钱，是她的意外保证金，如果遇到老板逼迫不得不离职、发生婚姻危机不得不及时止损，她都可以一甩袖子——去他大爷的——翻身骑上生活的骏马，绝尘而去，重新开启人生新篇章。

聪明的你，最应该操心的就是自己的生活。你要为你的人生利益、为未来的后代和人生保障做最好的规划。婚前，努力工作，积极理财存钱，在这个前提下，再考虑恋爱和结婚，我觉得更为适宜。

婚姻的风险

女孩们，请系紧安全带，现在我们进入过山车时刻。

亲密关系，是人生中最危险的关系。女性被性侵或谋杀，80% 的凶犯是身边人。

被男友、丈夫、追求者杀害、伤害的女人可比路边随机遇到坏人的多多了。

刑警们确实是这样说的：当一个女人被谋杀，哪怕看起来很像意外事件，他们第一个怀疑的对象依然是死者的男友或丈夫。如果在调查中，一旦警察发现女性死者生前恰好和男方关系濒临破裂，或已然破裂——甭管啥原因吧，嫌犯基本就被锁定了——十之八九就是这个亲密关系中的男人。

《肖申克的救赎》原型故事里，被冤枉入狱的银行家，恰好就是和妻子关系破裂，妻子出轨，他又正好在凶案发生现场附近待了一个晚上（喝多了，在车里迷糊了）。据他自己说是想自杀，又恰好没有其他人证……妻子和妻子的情夫被人杀死了，真正原因是入室抢劫，但这个概率也太小了吧？

换句话说，他与警察们常见的情杀模型几乎完全吻合。

这是肖申克被冤枉入狱的大前提。

因为人类，尤其是心智不成熟的人类，在两性关系上执念极深。

而男性的执念则更深。一个病态（比如全能自恋型的）的男性，在两性关系中的危险系数将持续上升。如果这个人恰好又好勇斗狠，其危险系数已经爆表。

监狱里因暴力犯罪入狱的男性，年龄普遍在45岁以下。

当然，45岁以上有控制型、偏执型人格的人，如果正值人生失败崩溃期，如面临财务危机等，也是非常危险的。

当一个这样的男人锁定了你，你就已身处危险之中。

你们的关系由弱变强，你的危险系数也随之升高。

如果你们再发生了亲密关系，你对他来说已经是到嘴的猎物，他已将你投射为他的全世界，此时你若想要分手，不死也得掉层皮了。

所以说，姑娘啊，你要能拎得清啊！

犯罪学专家李玫瑾教授在一个视频里说，不要轻易和一个男子发生亲密关系（尤其是性关系）。有网友吐槽，李教授怎么这样保守啊！

实际上，李教授从犯罪学的角度出发，说的是特别重要的自我保护的真理：

你是他最喜欢的类型——危险系数1；

他接近了你的生活——危险系数3；

你和他开始暧昧（互撩）——危险系数6；

你们发生了性关系——危险系数不是10，而可能一下就爆了。

此时，“就像恶兽见了血一样”，不管你同不同意，很多男性（尤其是男权至上者）会把和女性发生关系视为“给我的猎物打上了烙印”——过去被皇帝临幸过的女人，除了殉葬就是终身幽禁。

至今仍有很多男性坚持，就算离婚了，他的前妻也应该为他守贞到底——哪怕是他出轨导致离婚的。当女性被视为他的私有物，女性的喜怒哀乐，甚至生命权就都不重要了。

你们看看那种因分手被谋杀的新闻下，有多少渣男在鼓掌叫好：杀了她，说明他在乎她啊！甚至还有渣女的支持：这也是真爱了吧！

如果不幸遇上这样的人，能摆脱吗？能，需要策略，更要看运气。

我们讲一个最极端的例子，这个事情发生在《反家暴法》颁布之前。某种意义上，受害人的血泪一定程度上促进了《反家暴法》的出台。

2009 年，年仅 26 岁的北京女孩董珊珊，被新婚丈夫王光宇暴打数十天，虐待近 10 个月后，体内多脏器出血，血液甚至将腹腔撑得像足月的孕妇。她浑身骨折，肺挫裂伤，面部挫裂伤，最后死在了医院。

这是女性受虐案中最惨烈，也最为冤屈的一个。

董珊珊从新婚到变成一具尸体的 10 个月中，曾多次因被家暴而四处求救：她躲回娘家被从娘家揪回来殴打；她逃离了北京，被千里追杀，从银川被揪回来囚禁毒打。在这 10 个月中，她和她娘家先后 8 次报警，仍未能让她得救。

其丈夫王光宇曾向警方交代："我又打了她，还是一样，拳打脚踢。打得最重的一回，是 2009 年 8 月 5 日左右，用拳头打，用脚踢，不停地踢。踢了多少脚我也不知道，从卧室门口一直踢到床上。"

8 月 22 日，遍体鳞伤的董珊珊休克。10 月 10 日，在 ICU 辗转挣扎了近 2 个月的她，被宣告死亡。

这段最后的抢救实际已无意义，仅仅是维持生命的治疗，很大程度上，在法律意义上帮助王光宇脱罪了。

最终，凶手以"虐待罪"被起诉。

其实，这个罪名一直饱受争议："发生在家庭成员之间的虐待，甚至导致死亡结果的”，以虐待罪论处，刑期上限为 7 年。

如果她不是他的妻子，如果是一个陌生人被这样活活打死，必然是以故意杀人罪或故意伤害罪（致死）起诉。这么严重惨烈的伤害及后果，这么恶劣的伤害手法，很难想象仅仅 7 年之后，犯罪人就得以重生。只是因为，她和凶犯之间有一个婚契，他就受到了虐待罪 7 年顶格刑罚的无形保护。

如果单看自救，董珊珊真的是尽力了。她和娘家先后 8 次报警，并在死亡威胁下逃到了千里外的银川，最终仍然没有逃脱恶魔之手。

所以我才说，姑娘们，一旦陷入危险的亲密关系，能否真正逃脱，要看运气的。

因此，最好在一开始，就努力甄别、筛选你生活中的“垃圾人”。不要和有反社会型人格的人发生亲密链接，不要被他们锁定。

常见的、具有反社会人格的人的特点有：

1. 无法遵守社会规范；

2. 习惯欺骗和操控他人；

3. 无法自控，无法计划并安排生活；

4. 攻击性明显，情绪不稳定；

5. 缺乏同理心和同情心；

6. 伤害他人后没有忏悔心；

7. 对小动物有过伤害记录；

8. 没有稳定的社会关系（包括父母、朋友和同学等）。

在特殊情况下，具有高智商的反社会人格的人可以表现得风度翩翩，口才很好，看起来似乎整个人无懈可击。

而你一旦发现他其实非常危险（如有攻击性，有伤害他人、自残、用暴力解决问题等倾向或行为，或者有谎话连篇，控制欲极强等表现）时，你一定要明白，这不是你的错，千万不要想：是不是我做错了什么他才这样对我？你要做的应该是立即设法切断链接，不要试图辩解，不要试图自证，也不要试图改变，切断链接后迅速离开这段关系。

如果你发现这个人已经进入了你的生活，那就要当机立断实现物理隔离——在相当长的时间里逃之夭夭，什么都别要了，不要私下见面，更不要在分手的最危险时期和他接触。迅速逃离，远离环境，直到他可能已经对你失去了兴趣。当然，如果有可能，终身都不要和他再有接触。

母性的代价

婚姻生活中，除了可能遇到威胁女性人身安全的“垃圾人”外，女性要付出的最大的风险成本，就是她们的孩子。

先给大家说说兔兔的事。

兔兔的结婚对象是家里介绍的。那时候她年轻又漂亮，媒人介绍了相邻县城的一个男孩，家人被告知，这家就这么一个独子，长得白净清秀，父母健在，家里在做生意，年收入不少于20万元，家里的积蓄至少百万元。兔兔家没有进行深入了解，双方见了几次就定下了婚姻。

草率结合的婚姻很快出现了裂痕。男方母亲专横霸道且精明吝啬，公公亦不是善茬。

结婚没多久，公婆就催她赶紧去工厂上班，却容许自家儿子在家里吃喝玩乐打麻将，他们给出的理由是：儿子身体不好。

在怀孕、生子和养育孩子的一年中，丈夫只当甩手掌柜。在抱了孙子后，婆婆并未像想象中对兔兔有多少重视或感激，态度反而更加轻慢了——你已经这样了，崽都生了，还能飞走吗？

有一点是我要特别提醒姑娘们的：为什么很多小家庭在生了孩子后夫妻俩关系急剧恶化，甚至大吵大闹，家庭矛盾日益加剧？原因在于，姑娘们心里认为自己辛苦生了孩子，劳苦功高，应该格外被呵护——而她们的夫家却从骨子里松了一口气：“孩子都生了，你还想翻盘？”

孩子是年轻女性的一道命运枷锁。没有孩子，没有怀孕，她可能会果断离开一个不合格的伴侣。一旦怀孕、生育，她将被牢牢束缚：第一，为数不多、非常宝贵的生育机会已经付出，不得不和这个伴侣共同生活，尤其当她不能独立养活幼儿时；第二，为了后代的利益，母性本能促使她留在一个哪怕一点儿也不温暖的巢穴里。

兔兔忍受不了丈夫年纪轻轻却整天游手好闲，在又一次争吵后，公婆全家连带着大姑子、大表哥和堂哥堂嫂全都上来围攻她、教育她。

婚后与夫家一族人一起居住的小媳妇，处境格外艰难，有个专业名词叫“从夫居”。从夫居是男权社会监视、软禁和驯服外来者媳妇的一个大型囚笼，也是斯德哥尔摩综合征的培养基。不妨想想，你在生活中无论遇到了什么，周围的人都可能众口一词地数落你的不贤惠，绕着圈子或直接要你按他们的评价来做事、生活。

兔兔在跟男方亲戚的撕扯中，她的丈夫忽然倒地抽搐，口吐白沫——

癫痫犯了。

她才发现，这个男人的身体是真的不好——除了癫痫，他还有间歇性精神分裂和抑郁症。

这就是一个大坑啊，公婆和媒人诱骗一样地哄她进了门，只是为了给儿子找一个终身保姆和生育机器。

这个婚姻里没有男人，只有无法对付的公婆和男方亲戚。

终于，兔兔带着孩子回了娘家，在家人的帮助下，孩子渐渐长大。在孩子一岁半时，她提出了离婚。由于她生的是个儿子，男方咬牙切齿地要定了孩子，如果她想留下孩子，就别想离婚。

经过多次开庭，她在支付了近 10 万元的赔偿款——以一次性付清儿子抚养费的形式，最终得以全身而退。

对于兔兔前夫这样的男性来说，结婚对他们百利而无一害，即使发生了婚变，他们的损失也很小。

如果男方婚前买了房，这算是婚前财产，而可能存在的房贷是需要夫妻俩共同还的。

婚后，家里的家务肯定是女性承担大半的，生了孩子，女性也是要带的。等孩子稍微大点，女性还要继续出去工作共同养家的。即便是女性婚前的积蓄，也是可以一点点逼出来贴补家用的——方法太简单了，生孩子、养孩子、孩子看病，男方只要推脱说没钱，女性心再硬，为了孩子，也不得不往外掏钱。

孩子小的时候，父亲大可以睡在床上说一句：“我又没奶，你去哄。”而母亲能忍受自己的娃大哭而不去抱、不去哄、不起床的，我还真没见过。

这就是母性。

母性何其伟大！就算是在产床上流着血要死了，听到孩子在嘤泣，她爬也要爬过去看一眼孩子。

如《盲山》中所说："生了娃了，下了崽了，她就被拴住了。"

母亲再恨婚姻中的另一半，可对于自己十月怀胎、千辛万苦生下的孩子，她不能不回眸。母性是大自然的奖励，但在某些时候，它也是一种诅咒。

软弱无知的女孩容易落入婚姻的圈套，坚强自立的姑娘一样难逃母性的枷锁。

和兔兔不同，我认识的另一个女孩海狸在一段失败的婚姻中选择了要孩子。

海狸生性刚强，和兔兔不同，她事业成功、收入不菲。她发誓如果结婚，必须出于爱。最后她的婚姻倒是出于爱和浪漫缔结的——她嫁给了一个比自己小好几岁，社会阶层也比她低好多的男人——什么也不图，就图他老实、善良，两人真心相爱。

但生活残酷，时间一长，两人间的爱情也被柴米油盐磨光了，她和他终于不再相爱。当海狸提出离婚时，"老实"男人露出的獠牙比别的男人更凶险："你想甩了我是吧？房子和孩子，你各选其一。要房子的人不能要孩子，要孩子的人不能要房子。"

海狸傻眼了。她原本结婚就晚，生孩子时已经35岁，怎么可能放弃孩子？但是，房子是她买的啊！

"老实"男人没忘记提醒她："如果留下孩子，我不准备把孩子放在上海带，我要送回老家给爷爷奶奶带。"男人得意扬扬，"我妈带得比你好多了。"

海狸说："房子是我买的！大部分房贷也是我还的！我的收入是你的5倍。我不要全部，我拿走一半有什么问题吗？你远比我年轻，再找个人结婚生子，比我的可能性大多了，何苦跟我抢？”

男人说：“你都要跟我离婚了，还谈什么好意思不好意思？”

海狸说那去法庭打官司吧！

男人说：“那我就去你们单位说你出轨、婚外恋，你生活作风有问题。我还要发到网络上去。我也不需要提供什么证据，大家一定会对这种八卦感兴趣的。”男人进一步提醒她，“你们单位要和你竞争上岗的人那么多……”

在离婚的困局面前，一个男人，手里所持的利器太多。

同为绯闻，去男方单位闹，在网络上发布，在意的人寥寥，也很难影响对方什么。但散布到女性生活圈、工作圈的绯闻，哪怕完全不实，都可以重创女性。

除了社会隐形的、对女性的规训与惩罚的力量，他手握的威力最强大的武器，还是母性。

最终，为了孩子，也为了节省自己的时间和精力，海狸把自己倾10年积蓄付首付款买的房子让给了男方。她带着孩子，净身出户了。

如果孩子被藏到乡下，天南海北的她去哪里找？光是每天惦记孩子饿了没，有没有穿暖，生病了没，有没有被好好照顾……就能折磨死她。一手带大的女儿在乡下哭着喊着找妈妈，一群前夫家的亲戚冷笑着说：“你妈妈不要你了……”光是想一想就足以让海狸肝胆俱裂。

《聊斋志异》中有一则故事，叫《牧竖巧逮狼》。

两牧竖入山至狼穴，穴中有小狼二，谋分捉之。持小狼各登一树，相去数十步。少顷，大狼至，入穴失子，意甚仓皇。竖于树上扭小狼蹄耳，故令嗥；大狼闻声仰视，怒奔树下，号且爬抓。其一竖又在彼树致小狼鸣急。狼闻声四顾，始望见之；乃舍此趋彼，跑号如前状。前树又鸣，又转奔之。口无停声，足无停趾，数十往复，奔渐迟，声渐弱；既而奄奄僵卧，久之不动。竖下视之，气已绝矣！

利用动物的母性，往返折磨狼妈，最终狼母子一家俱死，猎人满载而归，这真是一个缺了大德的故事。而某些家庭也一样会利用母性束缚和奴役女人，手法娴熟，其惯性已经深入骨髓。

就像兔兔的前婆家，当时认为她绝对不会离婚，只要拿住了孩子，就算离了也跑不远，也得低三下四地上门来看孩子，最后兔兔真的为了孩子复婚了。

就像海狸前婆家，非常清楚她绝对不会放弃孩子，所以兵行险招，用孩子的抚养权，最终换取了一栋价值 500 万元的房子。

亲爱的，这就是婚姻，这就是婚姻中的母性。

一段婚姻中，你要付出生育成本和健康成本。你要花费至少三四年的时间去生养孩子，牺牲你学习和职场进阶的机会。

你要付出远比男性更宝贵的时间和机会成本——因为这个社会的普遍价值观是，女人的青春更值钱，女人的初嫁才值钱。

你付出的安全成本和风险成本在于，生孩子至今仍有 0.2‰以上的概率会死亡；一旦你想（分手）离婚，你可能会和自己的骨肉再难团圆；你可能会被掠夺财产，你甚至可能会被殴打杀害，祸及娘家。

女孩们，这是你结婚所面临风险的冰山一角。

这一课特别长。没有几十万字，我几乎无法写全你的不利处境。

一个已经运行了三四千年的成熟的男权社会，它的控制机制是微妙又无形的，渗透在巨大的集体无意识中。

当你受苦时，你的父母都可能有意无意之间成为帮凶；当你被家暴时，警察可能会漠视你的处境；当你被杀死时，法官可能会倾向于有利于凶手的判决……

这是主流媒体和鸡汤文章永远不会告诉你的事！

亲爱的，看完之后，你还依旧那么恨嫁，急着一头扎进婚姻中吗？

如果你已经身在其中，如果这段关系令你痛苦不堪，你又该怎么办？

离婚当自强

讲真的，当婚姻走到尽头时，多数男性远比女性狠得下心肠。

男性可以利用的武器实在太多。除非这个男人是个体面、有道义、讲公平的君子，而且经济比较宽裕，未来可期，不想丢人现眼地撕破脸。一般意义上，很少有女人在离婚时可以公平公正地分割婚内财产。

她们面临的第一大风险是人身安全。

离婚发生口角时，她们首先可能面临家暴、个人死亡威胁，甚至是自己娘家亲人的人身威胁。说极端一点，一旦女方真的被杀，男方也很少偿命，甚至很少被判无期徒刑！女孩们一定要记住这一点！

如果真的生死攸关，什么财产不财产的，别再纠结了，人平安就好。

第二大风险是失去孩子。

女性在离婚时，如果带着孩子，会增加再婚难度。但如果不带着孩子，想到孩子可能遭受到的伤害，又很少有哪个母亲能够心安。

第三大风险是名誉威胁。

离婚在熟人社会里还是个不光彩的事，如果男方再泼泼脏水，造造八卦，女性及其家庭的生存空间会受到进一步的挤压。

第四大风险是财产的损失。

男性通常掌握家里的经济大权，他们可以娴熟地转移财产，甚至可能让妻子负债累累。

上面四条因素，会使女性在离婚时处于较为被动的局面。

欧美国家，离婚后经济收入较好的一方会依法向较差的或者没有收入的一方支付赡养费；针对孩子的赡养费也会依法支付，这受到法律的严格管控。但在中国，我见过太多的男人在离婚后，别说给前妻补偿了，连孩子的赡养费都要赖不付——尤其当他再婚，又生育孩子之后，仅有的一点资源要用来喂养现在的妻子和孩子，想从他们手里要到孩子的赡养费，那真如从葛朗台的肋骨上刮金子一样困难。

一个曾经的枕边人，变成最凶恶的陌生人。一旦你不想和他过了，不论出于何种原因，多半会把他人性中最大的恶全都激发出来。

所以我们会看到，走到离婚这一步时，如果男方不想离，会通过剥夺财产、暴力相加、抢夺孩子来伤害、惩罚女人，最激烈时甚至直接杀戮。而女方不想离婚时，我们看到的更多的是自我攻击。

……

难道就没有别的路可以走了吗？我们来看看史上最励志的弃妇经历。

她，怀着孕被诗人丈夫无情抛弃，丈夫急着去追 16 岁的美少女，威逼她去引产。

她说，引产会死人的。

他回答，坐火车也会死人，难道就不坐火车了吗？

说这话的渣男是民国第一诗人徐志摩。

当然啦，徐志摩没能追到美少女林徽因，后来把陆小曼追到了手。

但最后这些女子中，真正把人生过圆满了的，只有弃妇张幼仪。

张幼仪被徐志摩抛弃后，独自在德国读书学习，抚养幼子，蒙受了幼子去世的打击，仍然顽强地完成了学业，学成归国。后来她开设了沪上最火爆时髦的时装公司，又成为女子银行总经理。换现在的话说，就是一个美女创业家。

徐志摩这个民国大才子，却意外地过早陨落了。

他的身后事还是张幼仪张罗安置的，甚至连他的诗集，据说也还是张幼仪帮着收集出版的。

独立这条路从来都不是容易走的。

但你一旦学会了直立行走，便断然不肯再下跪苟活。

今天，许多中国的现代女性，她们的处境和决心，其实远远比不上民国时的张幼仪。

面对丈夫家暴、出轨、赌博，甚至吸毒，一些女人仍在苦苦坚持，不想离婚。

为什么？可能她支支吾吾地说了很多原因，一层层地追问到底，渐渐逼近真相，她不想离婚的最重要的原因之一就是：离婚了没地方住。

离了婚她可能一无所有。孩子一出生她就在家带孩子了，炊饭洒扫、伺候公婆丈夫——与社会基本脱节，知识基本固化，思维基本停滞。

日复一日，她的生活几乎全部仰仗于那个拿钱回来买米的人，那个房契上的房主。

当然啦，她不得不越来越努力地讨好和笼络这个游戏规则的制定者。

有些事她是真的无能为力。

时光流逝，青春消失，她对抗不了地心引力；她不是杜拉斯，70 岁了还有人穿过人群说:“我更爱你饱经沧桑的容颜。”她一天天臃肿，蹒跚，目光浑浊，言语乏味，脾气暴躁。

忽然有一天，变天了。

男人：“看看你，又笨，又土，又肥，你还不上班！”

跳出来急着踢走她的年轻女人，指着她：“没文化没知识，你都不工作！你不自立不自强，就赖在男人身上！你活该让贤下岗。”

但是，请不要在这个时候给她讲张幼仪。

张幼仪得到了很多女性都望尘莫及的支持：娘家支持她，前夫家也支持她。

遭徐志摩遗弃后，张幼仪背后有势力强大、家资丰富的娘家，兄弟们直接力挺她。张幼仪不仅衣食无忧，还可以留在德国读书。当下那些失婚的女子，如果有这样的娘家，大约都走得义无反顾。

另一方面，徐志摩是世家子弟，人家是有规矩、有体面的。儿媳妇没有过错，按照旧时规矩，未犯七出之条，就不能随意休妻。即使仳离，大家也会给了资产和社会体面上的保证。

于是徐家长辈把家产分作了三份，徐志摩和后来的陆小曼一份，张幼仪及孙子一份，自己留了一份。

相较于敦厚的徐家，当下许多迫不及待地把儿子的新欢迎进门，协助转移资产，伪造债务，踢走旧妻时还恨不得里外扒光让她们净身出户，最后还要在她们身上扣一个“你不自强自立”帽子的家庭，真的没资格讲传统。

离婚时，一个中国家庭妇女经常被丈夫和社会唾弃：你又没挣钱，你凭什么分家产？

于是，她付出的时间成本和沉没了的机会成本就这么湮灭了。

剪掉了她的翅膀后，再抱怨她不会与你比翼齐飞；给她裹脚穿鞋后，再抱怨她没有能力与你一起奔跑。

所以，她们的痛苦，很大程度上是来自对未来的无能为力。

如果你有女儿，如果你是女子，唯一根绝这种痛苦的可能，就是去教养孩子或自己成为一个有力量的人。

认真读这本书里的每一课：婚前谨慎，婚姻里努力，不管婚姻能否继续，永远经营好自己，便不会落入“无路可走”的困境里。

最佳婚姻的样子

在这样一个速食时代，我们早已不奢望接到民国时那样绵长细密的情书，遇到那欲语还羞的等待，但每个姑娘，几乎仍然期待一生的牵手和恒定的关系。

先说一个婚姻里的典范样板吧，脸书的总裁马克·扎克伯格的婚姻。

扎克伯格和他妻子同在哈佛读书，在洗手间外排队时认识了彼此。两人历经9年恋爱（9年恋爱够很多“暴发男”把女朋友或老婆换9次了），然后在老婆三十而立（很多男人眼里普遍的剩女之龄、豆腐渣年纪）时结婚。

他们约会期间，两人还定下了约会法则，规定无论学习或工作多忙，每周必须至少约会一次，每次单独相处时间不得少于100分钟，还不能通过网络或“宅”在家中……

其间，他的妻子普利希拉·陈不幸流产3次，扎克伯格始终陪伴左右，两人携手面对人生磨难。

2015年，扎克伯格终于迎来了他的女儿，他爱若珍宝，随即宣布给公司所有的男性员工派出为期4个月的带薪陪产假期。而且在女儿出生后，他干脆先休假两个月，全身心地投入到养娃的家庭生活中去了。

紧接着，扎克伯格将脸书99%的股份（市价约450亿美元）全数捐给了慈善机构。

最后，他给女儿取了个中文名字：陈明宇——随母姓。

扎克伯格曾经说过：“我妻子影响了我最为重要的人生决定和我的价值观。”

这个在许多中国男人（包括一些女人眼里）完全不起眼的胖胖的华裔妻子，在扎克伯格眼中，是最珍贵的灵魂伴侣。

所以，什么是好的婚姻?

婚前，他读书上进，努力经营自己的事业，以期能与你匹配，为成立家庭做最好的准备。

他与你有共同的爱好。

在你工作困顿时，他鼓励陪伴；你们能一起下厨做饭，他事事尊重你的意见，而不是独断专行。

有了孩子后，他愿意半夜起来哄孩子而让你休息。

他宁可戒烟也要为家庭的储蓄添砖加瓦，会为了孩子的未来认真努力地攒钱。

巴菲特说，选择匹配的、好的伴侣是人一生中最重要的投资。

比尔·盖茨也是在遇到他的妻子后，才开始关注事业和金钱之外的灵魂追求的。

前不久，我在国外的一个公共洗衣房里见到了一对父子。爸爸带着儿子来收取洗净烘干的衣服。十三四岁的小男孩，干净挺拔，麻利地接过他爸爸从洗衣机里取出的大堆衣服，三下五除二地叠成了平整的一摞。父子俩收拾好衣物，抱着它们笑眯眯地离开了。从爸爸保持得很好的体形，从父子俩的互动中，你就能看到那个小男孩成年后的样子：体面、整洁、节制和有责任感。

我头一次看到这样一对让人赏心悦目的父子。

十三四岁的男孩子，我们常见的，很多除了上学读书，顶多有一两个兴趣爱好，玩航模，打游戏，家长往往不会引导他们主动学习做家务。

在这种教育方式下长大的男孩子，成年后，自然对做家务也没什么太大的热情，在经营恋爱婚姻上自然有所欠缺。

丹麦男性平均每天至少花 3.1 个小时做家务、陪家人，是名副其实的“好爸爸”和“好丈夫”排行榜冠军；挪威和澳大利亚的男性分别以 3.07 小时和 2.87 小时摘得亚军和季军。与他们形成鲜明对比的则是“亚洲爸爸们”。

在我国，很多男士都属于“隐形爸爸”，即便勉强抽出时间待在孩子身边，也难以做到全情投入。据调查，49% 的中国爸爸不会参与孩子的游戏，所谓的陪伴仅仅停留在形式上——爸爸做爸爸的事，孩子玩孩子的——这就是现状。

我们缺乏优秀合格的父亲去教育孩子爱是什么，婚姻是什么。除了性和生育，两性之间还有更高级、更丰富、更有趣的追求——两性之间通过分享、协作，相依相伴所达到的人生至高境界。

太多的男人，给他一个七仙女，也只想着扒掉对方的彩衣，赶到织布机前去干活，外加生儿育女伺候饭食，如果对方完成不了，七仙女在他们看来可能连头母猪都不如。

很多人想不通，为什么现在社会上很多骗子都有女朋友，自己为啥还是“单身狗”？

这是因为他们不学习、不努力，满腹怨气，仇视社会，不尊重女性，不尊重儿童权益，充满了利己主义的自私与恶意。

“跟我结婚，起码要生两个，如果没生出儿子就继续生。”

“生孩子怎么了？哪个女人不生孩子，当年我妈……”

“生孩子的事，你情我愿的，有什么付出不付出的！生出来难道不是你的孩子吗？”

“打什么无痛，别人能忍就你不能？”

“剖宫产？那是要多花钱的，并且对孩子也不好。”

“家务就应该女的干啊！你上班怎么了，我上班更辛苦。哪有大老爷们儿干家务的？”

“女人不打，上房揭瓦！”

……

21世纪，越来越多的女性开始觉醒，那些不合格的伴侣、不合格的父亲，注定会被淘汰。

当工业革命释放了劳动力，当奴隶被解放，当贵族与平民阶级之间的分界线被摧毁、被模糊，男性面对女性的唯一优势——体力优势也就荡然无存了。

旧时代，女性是隐藏的幕后祭司，是家庭中暗藏的核心，是推动整个民族前进的摇篮。

新时代，女性是天使，吹响了全新文明的号角。

聪明的男性早已经辨认好方向，积极改变自己，创建幸福的家庭。

而幸福的未来，在你自己手中，女孩！

第七课

前所未有的妈妈教程

如果你选择成为妈妈，你要为将来生下什么样的后代负责：筛选可靠的父亲，筛选优质的精子，这就是“子宫道德”。孩子的大半命运，其实在妈妈选择爸爸的时候，就已经注定了。

亲爱的姑娘，请你告诉我，这辈子你会生几个孩子？

一个，还是两个？

我曾经做过线下调查，当提问“生两个”时，场里举手的姑娘还有一半，愿意“生三个”的姑娘已经寥若晨星。

也就是说，排除特殊情况，现代女性一辈子正常的生育次数是1~3次，很少有人能超过3次。

女性所有的卵子出生时就已经存于体内，随着年龄增长，逐渐发育成熟，卵子逐月排出体外。孕育一个孩子则更加复杂，至少消耗女性3年的时间精力，并将在很大程度上影响她的一生。

而第一次生育时的年龄、经济状态和社会地位等因素，会极大地影响女孩随后的生育选择和机会。

现在，针对各种婚恋和生育困境，有人提出了一个很有意思的概念——子宫道德。

什么是子宫道德？

如果你选择成为妈妈，你要为将来生下什么样的后代负责：筛选可靠的父亲，筛选优质的精子，这是一个理智、有道德感的准妈妈最应该做的事。

如果你真的爱你未来的孩子，请从珍惜自己的子宫和卵子开始。

如果你胡乱抉择，很可能会给你未来的孩子选择一个非常糟糕的原生家庭。

孩子的大半命运，其实在妈妈选择爸爸的时候，就已经注定了。

生命之珠

《神雕侠侣》中，杨过和郭襄有一个浪漫约定。杨过给了郭襄三根银针，答应她可以以这三根银针为信，让他履行三个诺言。

女孩，你在每次恋爱、每次迈向婚姻或产生怀孕生育的冲动时，都请认真聆听一下内心的声音，千万不要像郭襄一样，冒冒失失地就把珍贵的银针用掉了。

现代科学技术赋予了女性筛选优质基因的可能，这前所未有地改变了人类历史的进程——雄性间的竞争，将更为激烈。

对后代最有利的、最善于共同抚育后代的男性才可能赢得珍稀的繁衍机会。

克隆技术造出来的绵羊多利大家都不陌生。

克隆技术最关键的部分是卵细胞。一只成年母羊乳腺细胞中包含遗传物质的细胞核，被转移到另一只母羊的一个去掉自身细胞核的卵细胞中，并植入第三只母羊的子宫，多利由此诞生。由此，多利的全部遗传基因，一开始都被认为是来自提供细胞核的第一只成年母羊。但后来的基因检测表明，第二只母羊的卵细胞同样将基因遗传给了多利。换句话说，从生物技术上来说，女性和女性已经可以生育后代了。这对于男性来说可能不算什么好消息。因为精子，在未来可能随时会“失业”。

在避孕药具发明之前，男性可以通过各种方式控制女性的生育。很多男性就像在电视剧中强行植入广告一样，向一个女性植入自己的基因，对方一旦怀孕，就被“绑架”了。

她面临的是：如果生育，则失去生命中为数不多的宝贵生育机会，以及一个并不想要的孩子，独自养育孩子会降低生活质量，也很难再找到一个善待非亲生子女的新伴侣；如果堕胎则可能造成一尸两命的结局。

因此，过去的女性，身体一旦被强行占有，很容易地就失去了生育主动权，进而丧失了人生的主动权。

直到现代文明诞生了安全的避孕药具和保护女性的法律制度，女性才逐渐拿回了最大的权利：生育自由。

女性地位的提升，让卵子更加珍贵。然而现在，很多傻姑娘居然把赚钱的主意打到了这上面。

因为稀缺，黑市上卵子成了奇货可居的东西。许多黑手因此伸向年轻女孩，怂恿她们去捐（卖）卵。他们会忽悠女孩说，这对女孩的身体没有损害，整个取卵过程很轻松。

其实事情并非如此。

男性捐精确实轻松，但女性捐卵则需要付出沉重的代价，甚至是生命的代价。

一个女性一辈子只有 400 余颗卵子，卵子在身体里的存余数量与女性身体的衰老状况密切相关，每少一颗卵子，女性离衰老就更近一步。更何况，取卵的过程并不轻松，甚至可以说比较“血腥”。

过程是这样的：

首先，捐卵者需要被注射促进排卵的药物。这些药物可能会导致女性腹胀、卵巢肿胀，最严重的个案里，女孩的腹部因此肿大得像个篮球。除此之外，这些药物还可能会引发肾衰竭、中风、血液高凝、胸腹积水等症状。

其次，药物可能会引发卵巢扭转。一旦出现这种情况，轻则卵巢缺血受损，重则坏死被切除。

再次，取卵过程相对“暴力”。操作人员会在B超的引导下，用一根很长的尖锐针头探入阴道，刺破阴道壁之后再刺进卵巢吸取卵泡。实际操作中，因为针头会穿越多个组织器官，子宫、膀胱、肠管及其他盆腔结构都可能在此过程中因为操作不当而受伤。如果因此导致了意外出血，还可能需要开腹修补。

而骗取年轻女孩取卵的人也知道卵子珍贵，往往会瞒着捐卵的女孩，过量注射促排卵药物，这样一次可以多取几个卵子备用。再加上很多取卵操作不正规，存在不符合卫生条件的可能，女孩盲目取卵，引起后续感染、不孕不育甚至大出血的惨痛案例比比皆是。

所以，女孩，你要明白啊，那些广告是在欺骗你，你为了区区几万甚至才几千元的报酬，就置自己的生命和健康于不顾，是很不明智的行为，因为你出售的并非取之不尽的资源，而是对女性而言最宝贵的生命之珠啊！

生育合作

过去，有一个流传很广的观念，那就是：“生孩子是你们女人的事。”这个观念，实则大错特错。

现在我们就来聊一聊生育这件事的本质，看看是不是真的应该是女人一个人的事。

换个思路，如果把育儿视为男女合作，把结婚生子视为合伙开公司。现在，女孩，请仔细核算一下你在生育这件事上付出的成本。首先，你有卵子和子宫。这是稀缺资源，相当于开一家公司的专利技术。

你现在是持有这项专利技术的合伙人。有些狡猾的男性，会直接否定你所拥有的专利技术价值。他们会说：你提供了卵子，我也提供了精子啊！

你要清楚，男性一天就可以产生 4000 万 ~5000 万颗精子；而卵子呢，我们前文已经说过，终其一生，一个女性的卵子也只有 400 余颗，如同钻石般珍贵。他可以不承认，你却不能否定自己。况且从生物技术的角度来说，精子已非孕育下一代的必需品。

在人类所有的细胞中，卵子的个头之所以如此巨大，大过精子若干倍，就是因为在孕育生命的过程中，卵子蕴藏着巨大而关键的能量——它提供了小胚胎最初所需的营养，它承载了远比精子蕴含的更复杂、更庞大的遗传信息。

我们需要记住：

第一，雌性（通过卵子）贡献的遗传信息远远超过雄性（精子）。

第二，个体生命智力系统，雌性提供的信息量是雄性的 N 倍。俗语说的“爹熊熊一个，娘熊熊一窝”是有其科学基础的。

第三，只有母亲能遗传给下一代的线粒体，异常珍贵，也因此，我们才能追溯到人类之母“非洲夏娃”。终其一生，线粒体都在影响人类的健康，修复受到损伤的细胞。这是母亲给我们的终身礼物。

当卵子吸纳了精子，一个受精卵诞生了。

但此刻，它离生命还远着呢！

它想变成生命，还必须经过子宫的呵护与养育。

从生物学上说，受精卵其实是一个“异形”，它的发展策略就是，极尽所能地生长，极力夺取母体的一切营养——以致母体不得不发展出一套平衡机制，来遏制受精卵（胎儿）把自己榨干。

孕妇早期的呕吐恶心，其实都是母体的排异反应之一。就像《两性战争》所言，胎儿必须和母亲达成一个身心上的平衡，并且表现出了自体基因的特质，才会最终被母体接纳。

及至分娩。过去产科医学未出现时，产妇的分娩死亡率高达1/5。如果说人类生命繁衍的道路上铺满了女性的累累白骨，真的毫不夸张。

即使今天医学昌明，产妇仍有0.2‰的概率会死于分娩。这相当于和平时期军人的死亡率。换句话说，母亲是一个等同于军人的、直面牺牲的职业啊！

再来说哺育。原始时代，没有母亲就没有母乳，新生儿等同于死亡。

即使今天，人工哺育技术发达，母乳依然可以极大地降低新生儿的各种并发症。

孩子出生后，母亲抚育的前3年，也奠定了一个孩子一生的安全感基石。这也是为什么我们前文一再强调，孩子一旦在母亲体内孕育，就意味着母亲的一生都被绑定了。

没有孩子前，每个女孩都可以是女神、七仙女；一旦有了孩子，仙女的羽翼就脱落了。

古希腊有个经典神话。

善于奔跑的女猎手、公主阿塔兰塔跑得比风还快。她不想嫁人，说服父亲同意，设置了可怕的游戏规则：跑得比她快的男人才能娶她，如果追不上她，就要被砍头。

在很多追求者被砍头以后，英雄弥拉尼翁在爱神阿佛罗狄忒的帮助下，靠三个金苹果的帮助，赢得了胜利。

金苹果是怎么帮助他的呢？

女猎手一路领先。

弥拉尼翁抛出一个金苹果，滚向女猎手。金苹果如此诱人，她停下步伐捡起了苹果。

就算耽搁了一点时间捡苹果，阿塔兰塔的速度优势仍然如此明显，再次超过了对方。

弥拉尼翁再次抛出金苹果。金灿灿的苹果滚在女孩的必经之路上。

她再次弯腰，又去捡起了金苹果。可这依然只是稍稍减慢了她的步伐，她依然像风一样超过了弥拉尼翁。

第三个苹果也抛出去了。阿塔兰塔怀揣着金苹果仍然跑在前面，

弥拉尼翁的脑袋眼看不保。

爱神阿佛罗狄忒忽然出现了，她伸出手指，指了指女猎手的胸怀，神力在女孩怀中的金苹果上施展，那三个金苹果骤然变化，变得越来越沉重。她跑得有多快，苹果就变得有多沉。

终于，女猎手慢了下来。

他终于借此追上她，抱得了美人归——当然，也保住了自己的脑袋。

再没有比这个故事更露骨的隐喻了。

一个男人想要俘获一个女人，要剥夺她的羽翼，裹住她奔跑的双脚，最有效的方式就是——让她怀里揣上“金苹果”，越来越沉重的腰身和随之而来的母亲使命，会完全拖住一个女孩的前进步伐，彻底剥夺她的自由。

母亲的牺牲如此巨大，但很多人没有看到这个事实，甚至就算看清了也拒绝承认。

女孩啊，你在婚育中的成本付出超过了 90%，有些男性，却想着什么都不做，就轻松拿走所有的繁衍利益。生的孩子，跟他姓，他拿走冠名权；在家里，女人照顾孩子的同时，还得伺候好他。

依照生物法则，正常的求偶应该是这样的：

第一步，男性要展现自己是优质基因的证据。孔雀求偶还知道开屏呢，男人也一样。

第二步，拿出合作育儿的保证——物质、时间和愿意投入的精力。

一提到物质，有人就炸锅了：“你这不是拜金吗？爱情，怎么能谈物质呢？”

爱情固然很好，不过在合作育儿这件事上，爱买不了奶粉和纸尿裤啊！产房里不能用爱打无痛，也不能用爱支付医药费，对不对？

正常的婚育，女方对孩子未来的父亲有物质上的要求，这是人之常情。

我们来说说屎壳郎的故事。

屎壳郎，学名叫蜣螂，是我最欣赏的生物之一。如果有来生，我首选做一只雌性蜣螂。老实说，雄性蜣螂可比不少男人靠谱多了。

说句题外话，昆虫的求偶有趣得很，我们人类有时候真应该多向自然界学习。

人类都知道雌性螳螂交配后要吃掉雄性螳螂，有的雌性蜘蛛要吃掉雄性蜘蛛，不少文学作品就把这些丑恶的雌性杀手作为“最毒妇人心”的证据，全然不顾一个事实——尽管有点儿残酷——昆虫界是默许这个谋杀规则的，雌性螳螂必须吃，雄性螳螂也必须被吃得心甘情愿。

为什么？交配的目的是为了繁衍，两性都该为此付出努力。昆虫务实得很，世界上绝没有免费的午餐可吃。想繁衍自己的基因，就得拿身体做代价。不吃孩子他爹，雌性螳螂拿什么来做怀孕产子的消耗呢？没有足够的营养，生不出小螳螂，即使生出来也是孱弱之辈，注定没有在自然界活下去的可能，这完全不符合繁衍后代的目标啊！

当然也有不吃配偶的昆虫，但前提是，求偶者一定会在交配前送上一份大大的“彩礼”——富含营养，涂有防卫性化学物质的蛋白质和营养品。

人类也好，昆虫也好，雌性在怀孕、生产、哺育的阶段，都处于绝对弱势。这段时间，它们不能捕猎觅食，体能极低，消耗却极大，如果它们不事先储备食粮，自己和后代就得成为其他生物的食粮。

我们现在来看看“虫界绅士”屎壳郎。

雄性屎壳郎在求偶的时候，通常会快速而熟练地卷起一大块粪球，在雌性的面前抖动，作为见面礼——能快速卷起最大块粪球的屎壳郎，通常会赢得雌性的青睐。

相似的是，在人类社会中，求偶的发起者通常是男性，女性出于对未来生活的稳妥诉求，大多会有基础物质要求。基本物质保障能给它们带来妥帖的安全感，所以一首歌里唱得直白“谁送我最大的钻石，谁就对我是最真的爱。”流行于人类社会的钻石礼，虽不能吃喝，但它是昂贵的硬通货，代表着物质保障，代表可以换取足够的燃料，蛋白质和空间，为下一代成长打下良好的物质基础。

多么简单的道理，雄性屎壳郎天生就懂，而很多男人根本听不进去。

有的人会想，如果社会福利足够好，男人是不是就能豁免很多生育上的义务呢？是的。

但，也有坏消息。

在社会福利制度好的国家，育儿是国家和社会共同的事，生个孩子，社会福利有奶粉津贴、食品津贴和育儿补助等，一直补贴到孩子上大学——女性根本无须与男性共同育儿。这样导致的结果更直接，女人们干脆不结婚了。福利制度越好的国家，结婚率越低。因为女性无须透过婚姻来绑定男性，来避免男性企图逃脱育儿责任的可能。

这些国度的女性，只需要安安心心地挑选最优质的基因，生个优质的娃就好。

于是，在共同育儿的市场上，男性间的竞争反而更激烈了。

这下比拼的都是硬指标了，颜值、魅力，对女性是不是很殷勤，为人是不是有趣……用以证明自己有着最好的优质基因。

当钱已经不重要，当物质不再是女性育儿时面对的主要压力时，男人们依仗性别垄断，获取更多财富资源，然后以此换取性和生育机会的可能性也就没有了。

这就是真正的“爱在卵子时代”——一个对自己和后代都负责的母亲，不会“枉抛珍珠付猪群”。

以上，都是我在各种场合苦口婆心提醒众多女生的话。但有的妹子可能会驳斥我：“我是女人，并不认同女人拿生孩子这事儿去邀功。首先，你可以选择不生；其次，生了孩子，你就是孩子的主要负责人，其余人都是辅助性的。拿生孩子这件事来标榜自己多么伟大、多么不容易，感觉是对男性和男方家庭的一种‘绑架’。”

好的，相信有此想法的姑娘不少。那现在我就来说说，按照这个思路走下去的结果吧！

一位网络作家说了这样一件真事：一个无私的、不邀功的、对伴侣不做任何育儿要求的妻子，会把自己的生活经营成什么样子。

一女，我们姑且叫她“表姐”吧，表姐挺能干。

表姐可谓“无私妻子”的标杆，她的原话是：“生育是我的事，我是女人，生了孩子就应该多付出，别人只能是辅助性地帮忙。”

但是，表姐的老公出轨、家暴，还歧视女性。

表姐和他生了 3 个女儿，男方因此家暴更严重。两人闹离婚，闹着闹着又怀孕了，已经 4 个月了。家暴老公不闻不问不给钱，表姐一边自食其力，一边要死要活，却更加不敢离婚。她说，离婚了没人能照顾她，会比现在过得更不好。

而生不出儿子，在她来看，责任在于自己——没有为丈夫带来巨大的生育利益（儿子），而是生了3个没用的后代（女儿），占用了家庭的资源，她愧对丈夫。于是，她试着通过又一次的生育来“弥补”。

最终，3个年幼的女儿都扔在老家的山沟里，奶奶带着。表姐继续努力孕育下一代。

真是为这3个小女孩的未来担忧：留守儿童，得不到父母的关爱，甚至连出生都不被期待。

一边消耗着自己的生命与健康，频繁生育的同时，一边还要努力工作养活自己，伺候丈夫及家人……这就是把自己的生育意义贬低到尘埃里的恶果。

表姐的自我评价如此之低，为什么？我认为问题大概率出在表姐的养育者身上。

通常，原生家庭不缺爱的姑娘，在择偶时会非常有底气，既不会屈就自己，也不会接受男人的打压，更不会鞠躬尽瘁、死而后已地为男方奉献所有。

所以，我再次强调，有女儿的父母们啊，在爱中养育女儿，极为重要。

以我自己为例，我从不教我的女儿应该如何当一个“好女孩”或“好女人”。我们家格外强调的是生而为人的权利和责任。我们有权利追求自己想要的幸福生活，有责任和义务让自己、家庭及世界变得更好。

女孩啊，如果你的原生家庭没有给你这样的力量和支撑，你总在一丁点儿的感情甜头里迷失自己，面对男友，你总想讨好对方，甚至不能拒绝对方提出的性要求，但至少你要学会避孕吧！你至少应该等到自己的心智、收入等各方面发展，都足够支撑起自己和孩子独立生活时，再决定要孩子啊！

恪守子宫道德，为后代铺好红地毯，撒上花瓣，而不是不知不觉地给孩子埋雷、撒钉子，这是所有女孩都应该学会的一课。

家庭力量

当一个孩子来到你的腹中，就是全然的交托。

作为父母，在她/他降临前，至少需要在经济、心理、家庭关系、安全、医疗等方面做好充分的准备。

经济其实是最容易解决的第一步：一个稳定的住所，一笔可以应付分娩生育的资金，其数额是医院分娩的住院费用加上突发事件的资金。

第二步就复杂了：育儿关系中权力的正确摆放。

宝宝的状态，就是母亲生育他时整个身心的映射。几乎所有的母亲都对未出生的孩子充满了幻想和憧憬，请一定记住，母亲的身心就是孩子的现状。如果你希望孩子安宁、勇敢，就要试着先让自己成为这样的人。

一个新手妈妈在迎来自己的天使时，身心是非常脆弱的，她最需要的是来自周围人，尤其是亲人的支持。

这些支持包括情感上的理解和认同；经济支持，以确保母亲的安全感；喂养和医疗上的正确操作；而最核心的部分在于，养育的“权杖”要在母亲手里。

现代育儿理念与传统中国式育儿最大的冲突在于：现代育儿是以妈妈和孩子为核心的，而传统育儿是以奶奶和婴儿为核心。

一个年轻的妈妈生下孩子，世间最重要也是最美妙的关系就是她和孩子的关系。母子关系，在小生命的前3年无比重要，连父亲都无法“僭越”。这段关系将成为支撑孩子走向未来的核心能量，嵌入他的人生基石。

在这个阶段，孩子得到的“爱的加持”越多，他/她未来追求幸福路上的续航能力就越强。

在旧社会的封建家庭的育儿理念里，一个父族娶回来一个“新媳妇”，她必须从夫而居。新媳妇就是一个生育工具，为这个家族诞育后代。孩子一降生，有可能马上就被婆婆“把持”了。

从夫居的育儿模式下，新手妈妈往往会被否定其母亲的价值和育儿的价值。婆婆会和儿媳妇争夺孩子的养育归属，为了这个目的，夫家会选择贬低母亲的养育价值。

而现代社会，大部分新手妈妈虽然不用从夫居了，但很多刚分娩的母亲很虚弱，如果得不到新手爸爸的支持，很容易在育儿关系中被边缘化。

这种边缘化往往披着温柔的外衣：别给孩子喂奶了，要不影响你恢复身体；别抱孩子，要不以后胳膊疼……

也有武断的边缘化：吃啥母乳啊，你又没有奶；就算有，也比不上奶粉有营养。

更有恶毒的边缘化：这是我们老X家的孩子，不就是从你肚子里过了一下吗？

外人则往往会这样帮腔：有人帮你带孩子还不好吗？

此时也会出现傻乎乎的母亲：是啊，有人帮我带孩子多好啊！

听上去似乎都很有道理。但母婴关系一旦出现裂痕，在未来孩子成长和小家庭的关系融洽上，父母和孩子都会付出沉重的代价。

很多留守儿童因为没有跟随父母成长，和母亲之间的链接是断裂的，即使后期重归母亲身边，母子之间的感情都是有隔膜的。

不管是男性还是男性家族，要充分认识到自己在养育一事上是仰仗女性的，也应该认识到女性为此做出的巨大付出，唯有此，才能摆正位置，在育儿上做好支持，能全力支持母婴亲密关系，而不是早早地拉开架势，把孩子当成一件物品，盘算着从母亲身边抢走。

此外，育儿是小夫妻俩的事，不论是公婆还是岳父母，如果可以，请给予小家庭金钱、时间、精力和心理上的支持，而不是跑来添乱！

真的是为了孩子好，可以在新手妈妈疲累的时候，亲人们帮着带一个上午或几个小时，让哺乳间隙的新手妈妈能够轻松几小时，好好休息，积蓄能量。

新手爸爸则可以在妈妈哺乳间隙，多抱抱孩子，天气合适的话，带孩子去户外晒晒太阳，或者给孩子洗洗澡，换纸尿裤，做好家庭的清洁，采购生活品等。如果有大段时间，请陪伴新手妈妈出门散步，一家三口一起出去，哪怕就出门逛个超市也好。

如果家里的长辈愿意一起协助育儿，宁可先小人后君子，先讲清楚在合作育儿中的分工和界限。

其实带孩子无非是烧饭做菜、清洁打扫、抱孩子换手、带孩子睡觉这四件大事，一旦分工合作好，带孩子也会变得简单高效。千万不要把简单的事情搞复杂了。

社会辅助

自然界生命的通行法则是：越努力的父母，后代的存活概率越高；越努力的种族，能绵延不绝的概率也越高。

一位优秀的母亲，则可以让一个家族在几代里显著提升。这种提升，体现在后代的机体健康、心智稳定等方方面面。

那些聪明的种族，都会围绕着母亲和婴儿提供一切尽可能的服务与方便，以便让种族后代更有竞争力。

自然界的狼群在迁移时，都知道壮年狼在前，把幼狼和母狼围在中间，头狼断后。很多人类社会对幼儿的照顾，也许还不如狼群。讲一个我童年的故事。

我妈妈在我 1 岁左右时，把我给了镇上一个专门带小孩的女人照顾，类似寄养那种。

一位邻居下班路过，去看我。

我那么小，也认出了她，扑上去紧紧抱住她的腿，死也不放，哭着要跟她走。

她不过是我的邻居而已！我那么小就知道她代表着我原本应该生活的环境，那里有我的家和我的妈妈。那么小的孩子就挣扎着用最大的智慧和努力，拼了命地想回到自己的家里。

为这件事，我后来气愤了很久。

后来有一天我问我妈妈："你为什么要把我送去寄养？你不知道我可能会被虐待吗？"

我妈妈愕然，继而不安，脸上浮现出了挣扎和痛苦的表情。

她辩解：首先，她必须上班；其次，本来说好了外婆帮着带孩子的，但她忽然回家去了；最后，她在瞪了我爸爸一眼后说："你爸爸从来不管孩子，我一个人也带不过来啊！谁也不帮我，我没办法啊！"

30 岁以后，我进入了一个逐步自我修复、自我觉知的状态。

我察觉到了一道巨大的阴影，笼罩在包括我母亲的整个民族的所有女性身上。

我母亲必须工作，产假只有56天，结束后就要回去上班。

那时谁也不敢翘班，下班后的晚上还经常有政治学习。她真的没办法一边承受着这样大的工作量，一边照顾着孩子。她上班期间，谁能照顾我呢？那时候的爸爸们是不帮忙带孩子的——别说那时候了，现在不一样是“爸爸去哪儿了”吗？其实我爸爸都算很顾家的了。

没有老一辈的支持，也没有托儿所，花钱找一个人看孩子，可能是她唯一能做的选择了。

生活哪有什么最佳选择，只有不得已。

而10多年后，她的孩子——我还要向她讨债：“你为什么要把我送去寄养？”而这个问题，我并没有去问我爸爸。

所有的孩子，甚至所有的人，把一切的责任都归到了妈妈身上。

仿佛生孩子是她一个人的事，养孩子也是她一个人的事。一旦有个不好，似乎全是她的错。

我生了你，我是你妈，所以我就有了原罪。

我参观过不少国家的幼儿园。

有一所开在加州大学某分校附近的幼儿园，里面最小的孩子才6周大，没错，一个一个半月大的宝宝上幼儿园了。

幼儿园的园长跟我解释，这里很多宝宝的父母都还在大学里读书。如果是贫困的单亲妈妈，还可以向州政府申请救济，政府会支付一些费用，这样一来，母亲就可以出去学习或工作。

我由衷地说，天啊，这样的妈妈可真不容易。

院长是个南美人，一头黑卷发，眨着大眼睛，回应我：“是啊，生活从来都不容易。”

据相关调查，上海至少有10万名类似的、无处安放的3岁以下的宝宝， 而仅一个上海，就有百万名以上的职场妈妈，她们或多或少都面对这样的育儿困境，这是刚性需求。放眼全国，又有多少无奈的准妈妈和新手妈妈呢？针对这一块的需求目前仍是空白。

有人可能会说，我们身处一个开放市场，让市场经济自动解决这个问题不好吗？

对不起，目前的政策是不允许的。如果企业想自办，拿不到许可；如果民资想进入，则不符合规定；不管是福利支持，还是补贴费用，统统没有。

说到底，在很多人眼里，“生娃就是女人自己的事”。这是农业社会的愚昧，而不是工业社会的智慧。农业社会里，“老婆孩子热炕头”是很多男人毕生的追求。女性即使需要干农活儿，照样可以带着孩子去地里。但在工业社会的大流水线上，没有充足的社会支持系统，母亲育儿会格外艰难。

对母婴不够友好的社会，女性的生育意愿只会继续下滑。

同处东亚文化圈的日本，已经尽可能地做好社会服务来支持母亲了，但日本的生育率依然持续低迷，新生儿数量则在不断下滑中——2016 年，全日本出生的婴儿，一共只有 98.1 万名，比 2015 年又少了 2.5 万名——日本人口已经持续减少 10 年了。

说到底，是女人们终于意识到，自己生而为人，拥有子宫不是原罪，真的不必一边辛苦育儿，一边还不得不道歉：“对不起，我不是一个好母亲。”

“这些女人都怎么啦，怎么都不愿意生孩子了？”

究竟为什么？

你们自己心里没数吗？

新手妈妈

新手妈妈是可以很轻松的，前提是做到母乳喂养。

但中国新手妈妈们出于各种原因，母乳喂养率仅 20%。2017 年 7 月 31 日，一位联合国儿童基金会驻华代表表示，根据《柳叶刀》杂志的报告，6 个月纯母乳喂养率，在中国仅为 20.8%。

世界卫生组织建议，所有婴儿都应该在出生 1 个小时里进行母乳喂养，并在前 6 个月进行纯母乳喂养——不添加水或其他任何液体、固体食物，仅仅可以在医生的指导下添加维生素和矿物质。母乳喂养应该坚持到孩子 2 岁，在此过程中，逐步增加辅食占比。

这是照顾孩子最好的方式，也是我亲测的最佳育儿方式。

没错，我有 4 个女儿，最小的宝宝是在我 40 岁身心成熟的年龄所生育的孩子，完全按照世界卫生组织推荐的方式喂养的。我的亲身经历是，这真是一场前所未有的美妙的育儿之旅。

在这之前，我犯过以下几种错误，希望能够为其他新手妈妈避开雷区提供帮助：

第一个严重的错误是奶嘴错觉。在第二个孩子出生时，我听信了护士的推荐，先用奶瓶喂了孩子。奶瓶的奶嘴细小，又容易出奶，孩子立即习惯了，当天夜里再喂母乳时，她立刻拒绝。

孩子刚出生的前三天，母乳分泌不多，孩子吮吸起来非常费力，而当时孩子奶奶内心是希望把孩子带回老家由她带的，所以她鼓励喂孩子奶粉。结果，第二天、第三天，孩子越来越不爱吃母乳。

而第三天时，我的母乳已经很多，乳房因此“胀成了硬石头”，可孩子就是不肯用力吸吮。她只要奶瓶。后来甚至一闻到妈妈的味道就大哭大闹，因为知道要逼她吃母乳了。

最后，我不得不狠下心，饿了她三四个小时，她聪明地发现了，如果不好好吃母乳，那就没得吃，这才变得配合起来，边哭边吃。

于是，鸡飞狗跳了 3 天，孩子才回到了妈妈怀里，那是极其痛苦的 3 天。

其实，母乳在分娩后 3 天才会自然地渐渐增多，而不是一出生就那么汹涌的！而新生儿出生后的 3 天内，并不需要太多营养，靠慢慢吮吸，母乳会自然增加并足够他们所需。

这些常识，之前并没有人告诉我们。

老三出生时则完全不同。孩子刚一生出，护士剪了脐带，擦了一下宝宝身上的血迹，就这样黏糊糊地塞进了我的怀里。当时我还在产床上，医生一把拉开我身上的手术服，把宝宝放在我胸上："喂她吧。"

也就是说，孩子从降生再到我怀里，没有超过 2 分钟。她就像一团小肉虫子，眼睛都没睁开，却像是明白自己到了哪儿，拱啊拱啊，在我胸前拱了一小会儿就找到了目标，"啊呜"一下，一口叼住就吮吸了起来。她小小的身体立刻放松了，不到 5 秒，她竟然就在我的胳膊里睡着了。

姑娘们，切不能把生养孩子搞成一种宗教，守着一堆非人的清规戒律，这不能吃，那不能喝，不能外出、不能吹风，甚至不能喝茶水、不能吃辣椒，最后只能是把原本就处于脆弱期的妈妈搞崩溃了。

育儿的第一要点是母亲的轻松愉快、身心平衡，如果变成一种苦闷的"牺牲"仪式，孩子吃下去的母乳里都是满满的焦虑。

我家老四的养育过程则更为经典。

宝宝想吃奶就吃，想睡觉就睡。我尝试着在这个孩子身上给予最彻底的、教科书式的"满足"。就算是出差，我也带着她，走到哪儿就带到哪儿。

当时我正好在北京卫视进行有关留守儿童的演讲，其实当时老四才2个月。从现场镜头里都能看出来我面如满月，是刚刚出了月子的模样。我在台上演讲，家人则帮我在台下抱着宝宝，才2个月的宝宝也聚精会神地看着屏幕上的妈妈，嘴里还模仿着我咿咿呀呀地“说”个不停。

此外，有关新手妈妈是不是需要带着宝宝一起睡，国内外育儿观点是有争论的。但就我的经验而言，带宝宝睡是给宝宝安全感最好的方式（当然要注意避免宝宝窒息，避免使用太软的床垫，避开枕头、被子可能给孩子带来的危险）。

有些育儿专家排斥母亲带宝宝睡，我反问了一个问题：纵然你已是成年人，你是否仍然渴望你的亲密伴侣拥抱着你入眠？答案显然是不言而喻的。

有一位男士在微博自夸：6个月的儿子实在难带，一晚上要起来照顾三四次，所以他选择把孩子关在房间里任他哭。第一天，孩子哭了1小时，第二天哭了半小时，第三天就不哭了。此男非常自豪，发微博炫耀。

真的是很愚昧的父亲啊！6个月大的小孩子，半夜起来照顾五六次也很正常。孩子最后不哭了是绝望了啊！这么小的孩子，潜意识里就留下了对人生深深的一抹绝望，对世界零反馈的绝望，多么可怜。我们周围，真的有很多这样自以为是的父母。

人类天生都会对孤独感到恐惧。孩子也许最终可以适应孤独，但他们并不喜欢孤独啊！而母亲的亲喂，可以在很大程度上缓解婴儿初临人世的不安与孤独。

夜里，当宝宝哭闹，无非是渴了、饿了或害怕了，在确定没有便便，不需要换纸尿裤的情况下，母亲只需给宝宝继续哺乳，一转身，母婴都能重新酣然入睡。看着那么多焦虑的家长，说半夜起来抱着孩子在家里走来走去，怎么哄也不睡，我真的特别理解他们那种痛苦——因为我在养育老大老二时，都经历过这种痛苦。

我家老大是8个多月断奶的，老二是9个多月断奶的。从断奶后到三岁，相当长的时间里，孩子在晚上都睡不安稳，于是我们不得不轮流爬起来去冲泡牛奶，而喝了奶的宝宝仍然不肯睡觉，于是我们只好抱着她们在家里踱步。大人困累交加，孩子哭闹不休，真是双方都很不愉快啊！

等到我带老四时，前后比较，那简直是一段轻松快乐的日子。孩子一直到今天都是跟我睡的。孩子的安全感很足，平安度过了分离焦虑期。2 岁多的时候，别的小朋友还在为妈妈去上班而哭闹不休，她看到我背起背包要出门，就会高高兴兴地跑来和我说“再见”了！

孩子一岁半前的事，都交给奶来解决吧！晚上闹觉？吃口奶，马上就呼呼大睡了。受到惊吓了？吃口奶，马上就高兴了。打疫苗吓哭了？给一小口奶，马上就不哭了。

我第一次深深地意识到，在过去的乡村里，那些敞着衣襟的村妇、背着孩子的女人，可能正是使用了最正确的育儿方式——最接近自然，最符合人类天性的方式。

黄昏哭吵综合征

对很多妈妈来说，第一次做妈妈，很多事都需要摸索，真的很抱歉！而对于宝宝来说，也是第一次生而为人，所有的事都也是从头摸索，也真的很抱歉哦……

小宝宝的大脑、肌肉群、神经系统，其实是没有发育完全的。有一种理论认为，婴儿应该在母亲肚子里待够 12 个月才出生，但由于人类直立行走，女性盆骨变窄，而胎儿的头部迅速发育，分娩变得困难，人类的孕期因此缩短。这样，人类就把一部分器官留到出生后再继续发育了。

仔细观察小孩子的发育也很有意思。小宝宝生命的前 3 个月，确实更像胎儿，而不是婴儿。在东亚传统中，会把满了 3 个月——过了百天的孩子，视为真正的婴儿。

未满百天的小婴儿，可能会患上“黄昏哭吵综合征”，民间俗称“夜啼郎”。具体一点说，就是小婴儿会在傍晚时分，没有任何原因地大哭大闹，直到把自己哭崩溃。

我家老大因为出生在冬天，所以裹得严严实实，中间没出现“黄昏哭吵综合征”。而我家老二出生在春末，就是敞手敞脚地养，不包不裹，结果，刚一个多月，她总在接近黄昏时，无缘无故开始歇斯底里地大哭，似乎像在忍受着剧烈的疼痛。可是我们送医检查后却没有发现孩子在器官上有任何问题。医生也无法解释这是什么原因导致的。有的人说可能是肠子胀气或消化不良引起的肠绞痛。

但据我的观察，婴儿“黄昏哭吵综合征”根本不是由肠绞痛或器官病变引起的。拿我家老二来说，她一到黄昏就开始号哭，哭到天崩地裂，谁都不认，持续近 1 个小时，然后忽然就莫名其妙地好了。在孩子哭闹的那 1 个小时里，作为父母，真的是肝肠寸断。

后来，我找到了美国一本记录婴儿“黄昏哭吵综合征”的书，书里说，有的家长会被婴儿的这个症状困扰，最后导致自己精神崩溃，甚至殴打或杀害宝宝。

所以，在这本书里，我要把它单独列出一个章节来，希望借此能帮到那些可怜的新手爸爸妈妈。

最终这个症状是会自行消失的——在宝宝 3~4 个月大时，也不会留下什么后遗症。

至今，医生们也不能彻底解释其原因，有的专家猜测，这可能是婴儿大脑接收了过量信息，因为处理不了，发生了崩溃。

一些专门研究婴儿“黄昏哭吵综合征”的国外医生，走访了很多国家，后来惊奇地发现，在一些原始部落里从未出现过罹患“黄昏哭吵综合征”的孩子。这些部落的女性轮流抱孩子，在迁徙过程中，如果必须要腾出手，孩子就会被放在皮袋子里，挂在马上或墙上——这是最接近子宫的一种环境，宝宝待在里面会很有安全感。

欧美的新生儿一出生都会被包起来——用一块方形棉布，很有技巧地把婴儿裹成一团，只露一个可爱的小脑瓜。孩子看起来很像一只梨。这种包裹状态会持续 24 小时不间断，只有换纸尿裤或洗澡时才拆开。

随着宝宝月龄的增长，一两个月后，他们的小包裹才会被逐步放松。

我曾在网络上看过一个哄睡视频：一开始，小宝宝还大哭大闹，非常不安，在被儿科医生麻利地用一块小布裹成一只梨后，他立刻就安静了。

想一想，宝宝尚在妈妈肚子里的时候，双脚随时能踩在子宫上，出生后，睡着睡着，脚一蹬，空空如也，这多吓人啊！手也是，宝宝在子宫里，随时会抓着脐带玩，抓握反应是他们与生俱来的本能。当他们出生后，睡着睡着，我们常常看到宝宝在睡梦中忽然伸手一抓，抓了个空，仿佛就被吓到了，立刻大哭起来。

新生儿养育最重要的一点就是子宫环境的“拟态过渡期”，另一个重要的部分则是母乳喂养和全情陪伴。做好了这些，小婴儿来到这个世界的前 6 个月（也是最无助的 6 个月），就能顺利度过。

父母必修课

很多西方国家，去医院备产的父母都会被要求先上一节课。课程会安排新手爸妈先看视频，内容包括如何照料新手妈妈（包含身心），如何安抚胎儿、照料新生儿。之后再由专门的医院社工给新手爸妈上实操课（哪怕你已经第N次怀孕，也一样要上课），详细介绍如何照料孩子。

生完孩子出院时，医院工作人员会面带微笑地指导你如何把孩子放在儿童安全座椅里，绑好安全带，当你做好后，他们才会跟你说再见。

没有安全座椅的父母，根本无法带孩子顺利出院，如果父母想强行带走孩子，贴身跟着你的医护人员马上会用对讲机把全副武装的医院保安"呼"过来，而警察也马上就到。如果确认你是故意的，仅此一项问题，你就可能会被怀疑涉嫌威胁新生儿人身安全，孩子有很大可能被儿童社工暂时照顾，而孩子父母就等着上法庭吧！

日本在1984年出台了《儿童福祉法》，规定儿童医疗费用由国家承担，更是制度性地要求父母必须持有育儿上岗证——尤其是父亲。

日本的爸爸，在孩子出生前，都要在医院接受详细的培训，从喂奶、换尿布（是真的尿布，上面有模拟的婴儿粪便），到各种常见婴儿疾病的护理。父亲需要每天学习，并接受医师的评分。这样的制度，自然能帮助新手父母迅速进入角色。

加拿大的儿童保护协会，有随时将疑似遭受虐待的儿童带走的权力。不只是加拿大，北欧很多国家也有相关权力机构。

比如，当家长带孩子出行时没有用儿童安全座椅，孩子会被带走；

当家长浏览不当的网页，如网页上有疑似儿童色情的内容，孩子会被带走；

当家长尿检呈阳性，被怀疑吸食了毒品，孩子会被带走；

被人发现家长打孩子，孩子被带走，家长入罪……

那不打孩子，打妻子行不行？旅居德国的知名网友林毛毛曾说，夫妻一方有家庭暴力，孩子则不适合在这个家庭生活——请注意，德国儿童保护机构会认定，即使不是直接针对孩子的暴力，一样会对孩子身心造成伤害。如果妈妈想保住孩子？可以，但她需要和丈夫离婚。

正是这样看似死板的各类保护细则，为小生命的安全提供了有力保障。

除此之外，新手爸妈还应该平静对待新生儿疾病。

一位儿科医生有一句经典的总结："大部分孩子生病，是因为妈妈没休息好！"这是因为很多儿科医生在门诊中惊奇地发现，一半以上前来就诊的小患者，都有一个疲惫不堪的母亲。

我们举个例子。当妈妈感冒了——通常妈妈会极力避免把疾病传染给宝宝——可这个时候，假如其他家庭成员缺位了，宝宝就只能和生病的妈妈待在一起——很不幸，宝宝被传染了。即使母亲没有生病，但如果她精疲力竭，并因此情绪焦躁，也会影响孩子，因为孩子是会感受到母亲情绪的。孩子没有其他途径表达自己的不安，只能是哭泣吵闹——时间一长，自然也会生病。

所以我想再次强调，母亲是育儿的核心主力，其他家庭成员要尽力尽心地做好辅助工作，尽可能地充分保证母亲休息好。当母亲健康、身心愉快时，母乳也会充足，孩子就很少生病。

正常情况下，孩子如果出生时是健康的，在没有意外伤害的情况下，偶尔的发热、腹泻，都是成长的必经之路。感冒发热只要不涉及感染、病毒等因素，家长都不必惊慌失措。

我家 4 个孩子，10 年来没有进过一次医院。孩子们感冒发热了就多喝点水，备好退热药；没胃口了就不吃，或者找点她们爱吃的东西吃，及时补充盐和糖，孩子们的病一般三天就好了。

衣服少穿，饮食七分饱，每天多运动，这样实践的结果是，她们个个都身材高挑、强壮结实。

如果新生儿一出生就发现有先天性疾病——这个概率大概是5%，请快速送往三甲医院的新生儿科，为人父母的，请不要随意放弃孩子的生命。治愈后，他们一样可爱健康。如果是贫困家庭，资源有限，父母可以主动向很多公益组织求助，也可以自己上平台发布求助信息。

此外，在养育孩子的过程中，一些意外往往不期而至，这需要父母们多加小心。这些年来，我逐渐发现，那些越是有责任心的父母，越是热衷于学习，越是处处谨慎，防患于未然；而越是不合格的父母，越是自信满满，觉得自己的行为“没毛病”啊！

在此，我想提醒各位读者，在养育孩子的过程中，以下行为一定要杜绝！

> 把筷子或类似的棍状物拿给运动中的孩子玩；

> 在商场扶梯上让孩子自行爬上爬下；

> 带着孩子不遵守信号灯就横穿马路或翻栏杆走捷径；

> 抱着孩子猛摇；

> 把孩子举高，抛向高空；

> 室内窗户不装防护栏；

> 把孩子独自留在家中；

> 孩子在无人监护的情况下，去水边玩水；

> 带孩子坐车，却不使用儿童安全座椅；

> 把孩子遗忘在车里（高温下5分钟就可能导致孩子窒息死亡）；

> 在浴盆里给孩子洗澡，没有先放凉水；

> 家里的抽屉不装儿童安全扣锁；

> 家里有楼梯却不装儿童安全围栏；

> 给 3 岁以下孩子喂食花生、瓜子、开心果、樱桃、果冻等容易导致窒息的食物；

……

想平安健康地养大一个孩子，父母需要付出很多。“儿童是否身处一个宜居的环境，儿童利益是否优先，儿童利益是否最大化”是儿童保护者的第一诉求。

儿童是一个民族的未来，缔造一个对儿童友好的世界，是每个成年人都应该为之努力的——不管你是否身为父母。

第八课

分娩，拥抱最脆弱的你

我们也希望，

未来有更多的女性可以主宰自己的身体，

知道什么是对自己好的；

有更多的夫妻，在经历妻子生产后，

感情因此升华，小家庭更加温馨和睦。

分娩，这是女性最脆弱，也是最痛苦的人生时刻。

通常此时的她们，更容易被忽视、被伤害。身为女性，了解分娩的正确知识，不仅是为了自己，也为了整体女性同胞。而社会上对分娩女性的集体忽视，我更愿意将其视为一种文化黑洞。

10 级疼痛

我们经常会听到妈妈们回忆产房的经历：“疼得简直想死。”“疼得真是用头在撞墙。”

分娩极其疼痛，在医学上被评估为 10 级疼痛，相当于烧伤。

可怕的是，这是持续性的疼痛。初产妇的产程通常在 8~9 个小时——在 8 个小时里，把你的手时不时地放进火焰里烧一下，每 3 分钟来一次。

我自己属于那种特别坚强的产妇。当年生第一个孩子时，我做足了准备，不管是心理建设，还是对分娩过程的模拟练习。我的亲属们也都在产房外面等候，陪产的护士就是自家亲人，不停地各种安抚我。即使如此，我也疼得眼冒金星，最后哭着喊着说：“不行了，把我拉去切一刀吧！赶紧的！”

医生和助产士各种鼓励我，加上我的顺产条件确实很好，体力也很充沛——我原来是运动健将，最后，产程很短，4个多小时我就生完了，后期恢复也特别好。

但是，在我看来，如果这个过程，从4个小时延长到8个小时，我就算再坚强也会崩溃的。事隔多年，这样的痛苦，我绝对不会想再尝试第二次了——真的和凌迟没什么区别。

分娩的最大疼痛来自宫缩，子宫努力收缩，把胎儿推出体外。

而子宫自然收缩已经疼极，如果此时再滴注催产素，等于是用外力加强这样的收缩，疼痛感瞬间飙升。

我自己亲身体验过，本来只是疼得嗷嗷叫，眼泪直流，等催产素一加，那种疼，就像一记铁拳打在喉咙上，连叫都叫不出来了。那一刻，我真的想死。

现在一些城市推出的分娩模拟测试仪器，一些准爸爸们去体验，一般只到五六级程度，他们就吱哇乱叫，一脸的痛不欲生，拼命大喊："停停停！"这要是给他们尝试10级呢，再加上催产素呢，再把此过程拉长到8个小时呢？

经历过这个疼痛的我，真的理解榆林跳楼产妇当时的崩溃。

她的悲剧，其实是当下女性生产悲剧的一个缩影。

正在经受非人折磨的产妇们，很难得到她们期望的呵护与关怀，反而是，她们往往一边忍受着剧烈疼痛，一边饱受呵斥与数落：

"你怎么这么不坚强？"

"哪个女的不生孩子，就你事儿多！"

对产妇来说，人生"至暗时刻"受到的埋怨，真的会像一只手，把她们推进无尽的深渊。

我永远都记得当年生产时同病房的一个女孩子。

她难产，最后侧切了。侧切后伤口感染严重，在病房住了10多天。她每天被被褥包裹着去照红外线理疗。而且医生每天需要在她伤口上清腐肉，消毒，伴随着她毛骨悚然的惨叫，伤口继续溃烂，医生继续清腐，再重新缝合——没有麻醉。

后来，当医生一拿着消毒器械进来（每天要消毒两次），她就会歇斯底里地惨叫，用头撞墙，一心求死。丈夫和婆婆两个人都按不住她。

当时的消毒液我认为多半有问题，只给我涂抹过一次，没有创面的我，顿时疼得大叫起来，像剥皮一样的疼。她10多天的时间里，每天剥皮两次，当然会崩溃。

那是个瘦弱文静的女孩，有着一张蜡黄扭曲的脸。相信她刚结婚时，也是很清秀的一个人，而产后的她，只剩下浮肿、蜡黄的脸和惊恐万分的眼睛，以及哭泣挣扎后的绝望与木然。

我对于女性的生育和分娩苦难的思考，是从那个时候开始的。

产妇的命在谁手里

提到产妇分娩，就不得不提医院的手术签字权。

我想先给大家说说现实。

理论上，产妇本人是可以签字的。《医疗机构管理条例》第三十三条明确规定：“医疗机构施行手术、特殊检查或者特殊治疗时，必须征得患者同意，并应当取得其家属或者关系人同意并签字；无法取得患者意见时，应当取得家属或者关系人同意并签字。”

那么，当产妇是清醒状态，且本人强烈要求进行剖宫产时，为什么不能自己签字说了算呢？又为什么非要陪产的丈夫签字才能进行手术？

我的一位医生朋友回答了这个残酷的问题。因为产妇本人可能在手术中失去意识甚至死亡，届时其本人签字的有效性可能会受到质疑，比如，产妇疼晕了，意识模糊等。医方是很难自证产妇是自愿且是在清醒状态下签字的，死者家属极有可能会借此闹事。

那么，产妇自己的父母、兄弟姐妹签字行吗？

法律上是可行的。

但是，在很多基层医院，法律也大不过乡情啊！产妇的丈夫签完字都能反咬一口，何况他没签字？

而且，如果孩子也在手术中死亡，作为孩子的生物学父亲，产妇丈夫在法律上主张的权利要排在产妇的娘家人之前。

说句残酷的话，一旦产妇死亡，产妇的遗产，包括赔偿金，她的丈夫可以拿走75%——作为配偶先分一半，如果孩子幸存，再以孩子的名义拿走25%。何况中国的民间风俗仍然认可出嫁女就是夫家的人。

有一位医生朋友说，她碰到过这样的案例：

产妇在产床上已经昏迷，娘家就妈妈一个人在，哭着喊着让赶紧签字、输血，进行剖宫产等抢救。夫家人多势众，婆婆不让丈夫签字，把护士拿来的血袋抢过来扔在地上踢，撒泼大骂医院是骗钱，说谁家生孩子不淌血，连个孩子都生不出来，“还有个啥用？”

最后产妇死了。孩子是被产钳拖出来的，头部血肿，颅内出血，新生儿窒息，也死了。

产妇死不瞑目，娘家妈妈哭得死去活来。

夫家则一拥而上，在医院产科门外烧纸，敲锣打鼓拉横幅，索赔百万，而当地人均收入，一年才两万元左右。

最后，医生朋友无奈地说："当你跟他讲道理时，他会跟你讲法律；当你跟他讲法律时，他会跟你讲风俗；当你跟他讲风俗时，他会跟你耍流氓……"

"人都死了"，这句话在很多地方似乎可以完美凌驾于法律之上——只要人死了，他们就获得了压倒性的胜利，成功把自己变成"受害者"，哪怕这人是他们间接或直接害死的，那都不重要了。一句"人是死在你们医院的"，就能成为他们喊打喊杀的完美理由。

说到底，《医疗机构管理条例》第三十三条也好，知情同意书也好，产妇的哀哭挣扎也好，娘家人的守卫保护也好，真碰上了一个黑心肝的孩子他爹，产妇能不能顺利脱险，都是说不好的。

你，很可能救不了自己。医院没办法帮你，就算医生叫来了警察，若你男人坚决不签字，警察也不能强迫他；娘家人哭着说他们签，也未必有用，因为事后被医闹的风险太大，医生就是不敢！别说手术了，就像案例里殒命的产妇，护士拿来了血浆，也只能看着产妇等死。

对了，最后你死了，那个不签字的人，在法律上很难被追究责任。他还极可能利用你的死去索赔、去敲诈。

有些事，只要进入了命运之轮，结局就已经写好。

所以，从一开始，娘家就不要教出"傻白甜"的女儿；女人就不要嫁给不尊重女性的男人；觉得有问题的男方家庭，连他们的边儿都不能沾。

否则，无论怎么挣扎，结局可能只有一个。

不过凡事都有例外，在最近的一个新闻中，我们看到了闪耀的文明之光——"医生霸气出手，抢救产妇"。

抢救产妇

丈夫拒绝给危险中的产妇签字手术，孕妇垂危，而这一次，医生霸气出手了！

2018年9月23日中午，海南省乐东黎族自治县人民医院的妇产科，一位青年女子走了进来。

女子自述怀孕，入院前已经晕倒一次，腹部疼痛明显。

这样的症状，我不是医生，也猜得出来很可能是宫外孕。

这里插播一下，宫外孕是非常凶险的。受精卵没有在子宫着床，却在卵巢、输卵管等其他不该扎根的地方扎根了，而且还顽强地存活了下来。它的血管逐步穿透人体组织，开始不断汲取营养并逐渐长大，在此过程中，不堪重负的人体组织就会发生破损，血管破裂，体内大出血。一旦出现大出血，短时间里孕妇就会出现失血性休克。

所以我们才说子宫真的是生命之源，在所有的人体组织中，唯有子宫内膜能够抵御受精卵掠夺式生长带来的破坏力。

再说回这个故事。

医生接诊后，立刻给女子做了彩超。果然，彩超显示，女子附件区域存在包块，提示可能是宫外孕，而且正在出血。

这个时候，医生基本可以说是在和死神赛跑了——孕妇体内的出血会越来越快，如果不及时抢救，后果不堪设想。

孕妇疼痛难忍，也明白了病情严重，同意立刻手术。

万万没想到的事发生了！

“我不同意！”

“你们是骗子！”

孕妇的丈夫冲上来一把关掉了输液管，还大喊大叫着把在场的医生护士都骂了一遍，并要求立刻出院，转院去三亚。

另一位妇产科黄医生严肃地告诉他：“以患者的病情，根本坚持不到去三亚，极有可能中途就会因为失血过多而死亡，必须就地手术抢救。”

生死一线间，孕妇已经疼到浑身冒冷汗，面色苍白，越来越虚弱。她一迭声地对医生说：“我要手术，医生救救我！我快不行了……”

她的丈夫却表现出常人难以理解的态度：不断咆哮，大吵大骂，拒绝在手术同意书上签字。

医生让孕妇给自己的父母打电话，但她疼到意识模糊，根本记不起号码了，而她的丈夫竟一把抢走了她的手机，阻止妻子的求救。

医生随即警告他：“你老婆虽然嫁给了你，可生命是她自己的，如果因为你的阻拦抢救，最后造成她的死亡，你就触犯法律了！”

但这个丈夫依然强硬地说不同意，并坚持要等到他的家人到来——不是女方的家人，是他自己的。

时间一秒一秒地过去，每过一秒，孕妇都离死亡更近一步。

其实此刻孕妇体内，被撑裂的伤口正像拧开开关的水龙头，鲜血汩汩地流着……

危急关头，医生报警了！医院的副院长赶到了现场。几名匆匆赶来的警察把那个凶顽的男人围了起来，终于，他怂了，老大不情愿地在手术知情同意书上签了字。

幸亏在扯皮的过程中，这家医院的妇产科已经做好了抢救准备。

孕妇的丈夫一签完字，孕妇就被火速推进了手术室。当医生打开她的腹腔，发现输卵管上的一个破裂口在不停地出血，整个腹腔里的出血量已经达到了 1000 毫升。按 100 斤体重算，这个孕妇全身的血量也就 4000 毫升左右，而一旦出血量超过全身血量的 40%，即 1600 毫升左右，她就会有生命危险。

有赖于现代医学的昌明和医生的果断，最终，这位孕妇的生命被成功抢救了回来。

我们可以假设一下：

如果医生的态度不是那么坚决，而是在孕妇丈夫的大喊大叫下同意转院，那这个年轻的女子如今已不在人间。

如果孕妇没有选择相信医生，而是把命交到丈夫手里，此刻的她也已经是一捧骨灰了。

如果医生真的同意孕妇丈夫的要求，等所谓的婆家人来再说，孕妇也已经人间蒸发了。

再如果警察没有及时抵达，或即使火速到场了却没有选择支持医生而是“和起了稀泥”：“这是人家的家务事啊，他们要走是他们自己的事……”那么这个鲜活的生命也已然逝去了。

还有更坏的，万一孕妇因为病情严重，没能抢救回来，这个“我坚决拒绝手术”的丈夫，看他那嚣张愚顽的态度，医院估计很难善了吧！

孕妇的命虽然被救回来了，但这个过程太触目惊心，也太令人愤怒。孕妇的生命安全，实在过于脆弱。

而在另一个网络流传甚广的故事里，我们看到了一些产妇家人的努力与抗争。

一位孕妇在分娩中昏迷，她的丈夫和婆婆都选择了以胎儿利益为重，丈夫已准备签字放弃对产妇的抢救。

产妇的妈妈哭得死去活来，无法阻止，一旁的产妇弟弟忽然把医院的椅子举过头顶，死死顶在姐夫的咽喉处，说："你的孩子是一条命，我的姐姐也是一条命。如果你真的想放弃我姐姐，我就跟你拼了。"

产妇的丈夫让步了。

最终，医生竭尽全力，产妇救活了，孩子也保住了。

多年后，产妇的弟弟和姐夫发生了矛盾，产妇站在丈夫这边训斥弟弟，她的弟弟一怒之下才说出这段往事，咆哮道："如果不是我，你连命都没了，你现在还这么相信他……"

当年的秘密被揭开，对于这个小家庭，对于"差一点被放弃生命"的产妇，又该如何抉择呢？以及我们该如何从制度上规避这样的人伦冲突呢？

另一个例子则更为辛酸。

一位产妇，在进手术室前，把事先写好的一张纸条递给了医生。

医生一看，纸条上写着：医生，一旦我出现生命危险，假如我已经意识不清，不要管外面那群 XX 说什么，请尽一切力量抢救我。

产妇用了一个很粗鲁的称呼，可见其当时的心境与承受的压力，以及危急时刻对亲人的不信任。

目前，更多的产妇开始咨询律师，在分娩前以患者的身份与医院方签订协议，全权授权给医生，让其在危急关头全力保障自己的利益。

她们为何这样做？因为产妇被耽搁、被放弃的例子屡屡曝光，实在令人心寒。

一位产科医生提供了一段她的真实经历：

产妇身患红斑狼疮，病情危重，必须马上手术抢救。其丈夫叽叽歪歪，各种推诿不签字，一直认为医生是在吓唬他。接诊的是个年轻的医生，都快急得下跪求他了。此时，产科主任来了，她凌厉地扫了产妇丈夫一眼，说：“再不手术，胎儿极有可能马上窒息！”

呵，刚刚还胡搅蛮缠的男人，马上就签字了。

目前，医疗环境如此，我们只愿更多的医护人员能够顶住压力，坚持患者利益第一，生命至上。希望医疗抢救制度能得到更好的完善，让每一个病患的权益都能得到最符合他本人意愿的保障，病患的生死权柄有法可依、有据可凭，不再由个别家属随意操控；更希望所有的产妇和孩子们都再无惊扰。生命，从此都属于自己。

无痛分娩

我们先来看一个新闻。

一个孕妇因为不慎导致全身 30% 烧伤，为了“不影响胎儿”，她拒绝使用止痛药和麻醉剂，硬生生地挨过了惨痛的治疗过程。

一时间，大批传统媒体和自媒体都竞相转发，新闻下方的留言简直不忍卒读。无一例外地都在感动于伟大的母爱，赞美这人世间最美的情感。

有医生很快站了出来：“现代医学手段已经足够成熟，这位孕妇完全可以使用不会影响胎儿健康的麻醉药物！”

这件事也让我想起 2017 年让无数人飙泪的“产妇不打麻醉，生剖产子”的新闻。

据说是因为腹中胎儿情况危急，为了孩子，产妇在不打麻药的情况下直接做了剖宫产——伟大的母亲为了孩子忍受了剧痛，多么值得歌颂。

我没有医学教育背景，但仅凭常识，也觉得事件中医生的处置有点儿不太对劲。

果然，很快地，一群医生纷纷挺身而出为医学正名：“完全没必要这样做，即使情况紧急，简单的硬膜外麻醉也是可以的，为什么要让产妇忍受这种非人的折磨呢？”

但是，媒体的关注点不在这儿啊！他们已经喜出望外地得到了一个可以大写特写的宣传点——一个符合传统剧情，迎合公众期待，又可以催人泪下的故事——一个母亲，忍受了惨绝人寰的痛苦，只是为了自己的孩子。

到底是为什么，总有些人如恋尸癖一样，迷恋母亲承受的苦难？所有这些描写与传播的背后，都暗藏了一个集体潜意识：女人，你应该用你的痛苦来救赎生命；你要用你的痛苦，来洗涤原罪。似乎女人的伟大必须跟痛苦相连。

可不可以有点儿常识？

每一位妈妈，都首先是一个人。是人，就该有生而为人的尊严。

每一位妈妈，为繁衍生命做出巨大贡献时，理应充分得到现代科技、文明理念和医学昌明带来的红利。

我见过太多的产妇被周围人，甚至是自己的亲人劝说：不要用麻醉药，不要用止疼药，否则对孩子不好，对产后恢复不好。

这是一种愚昧的想法，也是对产妇身心健康的漠视。

事实上，当产妇有了减轻疼痛的有效措施，她的精神和体力，包括对宝宝的态度，都会改善很多，甚至全家的氛围也会更加愉快融洽。

最破坏产妇和家人感情的是什么？就是分娩带来的痛苦，还有痛苦导致的尊严丧失啊！因为疼痛会扭曲人的意志，也消耗人的精力。疼到极致时，人如恶鬼。

逼近人体承受极限的疼痛，让产妇毫无尊严兼心生怨念。此时，拿母爱说事是没用的，母爱不能止痛。那些生生扛过分娩剧痛的妈妈，并不是有多伟大，而是她们实在没得选择啊！孩子生不出来自己就会死啊，不想死就必须拼命地生啊！

就这样，她们踩在鬼门关的门槛上挣扎着往外爬，爬出来的就活了，爬不出来的就死了。

所谓的“千百年来女人不都是这样过来的吗？”——如果她们有得选择，绝对不会继续这样过下去。

所以，所有的医院和家庭，如果真的为了产妇的健康考虑，甚至是想减少产妇产后抑郁的发生率，最应该做的就是在生理上最大限度地减轻产妇的痛苦。其实现代医学已经有了方法，那就是在欧美已经被广泛采用的无痛分娩。

然而，一些男性对无痛分娩的态度，简直能让你怀疑人性。有男性网友给我留言：“我老婆去医院生孩子，我一边挂号一边问价格。听说无痛分娩可能要多花 1500 元，我不由得感到有些纠结。我觉得很多家庭之所以不给产妇选择无痛，也有经济方面的考虑。”

他是认真的，他也认为自己的话并没有恶意，但几乎所有看到这条评论的女性网友都“炸”了。

在密集的女性怒斥里，他和其他几位男性网友很委屈：“我说什么了，你们这些女人就冲上来围殴我？”

所以，真的是痛不在已身就高高挂起啊！他的妻子，因为生育他们共同的孩子，在生死线上挣扎，忍受着剧烈疼痛，他竟然在计算这1500元花得值不值。

有位女网友讽刺地问他：咱们先不说分娩了，现在你去拔牙，不用麻药可行？不行吧！你连拔牙都要用麻药了，生孩子这么痛居然在想应不应该打麻药？

如果把这10级疼痛加在他的身上，保管他分分钟哭天喊地逼迫着家人赶紧拿出这一两千元买止痛药。这就是很多丈夫的人性。

除了来自亲人的冷漠，还有一种局外人的声音是，分娩时打无痛可能会影响胎儿。

事实恰恰相反。

麻醉科专家任曾医生介绍："无痛分娩，在医学上叫椎管内分娩镇痛法。这是目前世界上应用最广、效果最确切、安全性非常高的一种镇痛方式。由有经验的麻醉医师，在产妇腰椎间隙进行穿刺成功后，于蛛网膜下腔注入少量局麻药或阿片类药物，并在硬膜外腔置入一根细导管。导管的一端连接电子镇痛泵，由产妇根据疼痛的程度自我控制给药（麻醉医师会事先设定好每小时极限药量，产妇不必担心用药过量）。镇痛泵可以持续使用至产妇分娩结束。整个过程中，麻醉药使用量相当于剖宫产麻醉时的1/5～1/10，且可控性强，安全性高。无痛分娩时应用的麻醉药物有感觉和运动分离作用，只镇痛，产妇意识清醒，能主动配合、积极参与整个分娩过程。"

更重要的是，无痛分娩距离问世已经有100多年了，技术上非常成熟，欧美发达国家80%以上的产妇都会选择，何况，"当人体感到严重疼痛的时候，与之伴随的往往是紧张、焦虑、惊恐的心理状态，可引起体内一系列神经内分泌反应，会释放一种叫儿茶酚胺的物质，这种物质对产妇和胎儿都有不利影响”。

所以，无痛分娩能减少胎儿可能受到的伤害，对母子都好。

我想给大家讲讲我的无痛分娩经历。

生我们家老三时，我正在美国中西部写作加旅行，就很自然地去了美国医院生孩子。

我生活在当地的女友跟我讲了她生孩子时的趣事：带了一大堆影碟，一边生孩子一边津津有味地看《泰坦尼克号》，后来必须要集中注意力使劲儿了，她就让护士帮忙把播放器暂停，一会儿生完了再接着看。

我一听就乐了，这是天方夜谭吧！

后来自己亲身体验了一把，才发现她说的一点儿都不夸张。

我换上医院提供的深绿色无菌罩衣后，第一个来产房的就是麻醉医生。她让我侧卧，抱膝屈身，一边温柔地说着话开着玩笑，一边用一根纤细、坚硬又有弹性的针管轻巧地在我腰椎中间一扎。我仅是略微感觉到酸胀，硬膜外麻醉针就打完了。一个导管被固定在我背后，带一个小泵，我可以自己控制剂量大小——“麻醉手术”就这样结束了。

那会儿我还不太疼，紧接着就更没有什么痛觉了。

护士让我先好好睡一会儿。我侧着身体，很快就睡着了。

后来，我是被助产士进来检查吵醒的。

助产士过一会儿就会来检查一下宫口情况：从3指、5指到8指……等到宫口全开，她就去叫医生了。

医生本来已经回家了，接完电话又迅速赶了回来——医生家就在医院附近。

产房里，大家都很轻松，一边谈笑风生，一边等着我生宝宝。

关于硬膜外麻醉，国内很多妈妈甚至一些医护人员的认知是：接受硬膜外麻醉之后，因为下半身没有感觉，所以产妇不方便用力，不能自行将孩子娩出。

我要郑重声明，这纯粹是外行说法。

我当时一进产房，腹部就被绑上了贴片式感应器，感应器的另一端是监测仪器——24 小时监测我的宫缩情况。助产士和医生都事先给我演练了好几次：等宫口全开之后，他们会根据宫缩的情况给我口令，我需要配合口令进行深呼吸和用力。

真正生产的时候，我按照医生指示，一口气憋住，双手抱在颈后，上半身蜷起，就像做仰卧起坐的姿势，拼命用力（就像在努力排便）。下半身虽然没有疼痛感了，但坠胀感还是有一点的。

助产士数数，每数到 10 就会停，此时我差不多也是憋到满脸通红，力气用到了极限。

宫缩过去后，助产士会喊停，让我休息，一边夸我做得很好，一边用手指碰触她认为我应该用力的位置，示意我下一次宫缩来临时，应该用这个地方发力。

检测仪检测到又一次宫缩来了。我深吸一口气，抱头，开始用力。

大约经过 5 次这样的用力后，医生忽然喊“停”。

因为胎儿已经露出头顶，太快娩出，医生可能会来不及保护会阴，导致撕裂。

此时，小家伙的头刚刚脱离产道，她震耳欲聋地大哭起来。我当时有点不敢置信，因为还没完全生出来啊！医生托住她大喊大哭的小脑袋，一边旋转，一边轻轻一拉，她的整个小身体就滑出了产道，这才算吵吵闹闹地来到了人间。医生忍不住笑着说："真是个强壮的女孩！"产房里的所有人都开心地祝贺我："恭喜恭喜！"之后便是顺利娩出胎盘。

随即，护士拿了冰袋和冰桶过来，让我冰敷下体。

一开始我是拒绝的，但当我清楚地感觉到水肿在加重时，就决定相信科学，接受了冰敷——效果真的很好，而且极大地缩减了后续恢复时间。

产房里的气氛轻松愉快，医生也很开心，和我拥抱告别后就回家睡觉去了。我则继续留在那里观察半个小时。

宝宝被洗刷干净，护士抱来塞进了我怀里。

这里还要特别提醒一下，硬膜外麻醉此时就结束了，麻醉医生进来拔掉了软管式的给药针。

另外，对于非首次生产的母亲（经产妇）来说，生产之后子宫的收缩会更疼。所以我马上问助产士，能否给我一些止疼药。

助产士找来了值班医生，医生很痛快地说可以吃，拿给我一瓶布洛芬。我问一次能吃几片，医生说看我的感觉，最多一次吃 4 片。

我再问："会影响哺乳吗？"医生耸耸肩膀："不要紧，现在宝宝能吸到的乳汁微乎其微，而且布洛芬在哺乳期也是适用的。"

为什么我要写这个细节，因为它实在是太救命了。

非首次生产之后，子宫收缩带来的疼痛不仅剧烈而且持久，疼一两天都是有可能的，比分娩过程还让人痛苦。

我生完老二的时候，疼得左也不是右也不是，趴着疼，坐着疼，只能捶着枕头哭。

而生老三，因为医生慷慨地给了止疼药，我平安地度过了曾让我魂飞魄散的产后三天。包括产道的轻微伤口，水肿消退带来的疼痛，都被止疼药给压制住了。

有人说，止痛药在美国被滥用。但就我个人体验而言，一个已经疼到不人不鬼的产妇，那不是止痛药，那是救命仙丹啊！

我经历过没有任何镇痛的分娩，也经历过没有任何止疼药的产后恢复期。国内所有妈妈因为生产吃过的苦，我基本都吃过。

我本身还算身体健康强壮，但现在回想起来，那依然是黑色的、不堪回首的经历。在切实体验了无痛分娩后，我真切地感受到，那就是为人，为女人创造出的巨大福利——竟然可以这样有尊严而愉快地迎接分娩，迎接自己孩子的到来。

于是话题又转了回来：前有现代人拔个牙都必须上麻醉的现实，后有无数医生反复科普，一再强调无痛分娩对大人孩子都好，那为什么社会上对分娩是不是能用麻醉药，依然在进行各种辩论呢？

说到底，这是女性自己的身体、女性自己的感受、女性自己的健康、女性自己的尊严，许多没有子宫也没有机会忍受10级疼痛的人，为什么喋喋不休地议论着别人需要做什么、不需要做什么呢？

这样的讨论，背后的逻辑无非是，女性的身体不能自主；这样的讨论，背后的含义无非是，男性有权力决定是否赦免女性在肉体上承受的痛苦……

因为，现状就是，社会话语权更多地掌握在男性手里，产科里的许多医生（哪怕是女医生），依旧惯性地保留着男性思维——我不止听到一位姑娘说，她们咨询医院里有没有无痛分娩时，女医生冷冷地回答她们：“没有！别人都能生就你不能生？”

而来自女性长辈，尤其是婆婆方面的阻拦则更为常见，就像我们在前文说的，比较婉转的表达是会延长产程，留下后遗症；比较粗暴的表达则是对孩子不好。

更要命的是，在很多医院里，产妇采取何种方式进行分娩，能不能选择无痛，最终的决定权竟然真的是掌握在丈夫手里。

究其原因，还是我们在前文说的，医患矛盾大，产科是最容易激化矛盾的地方。当大家都抱着“多一事不如少一事”的态度时，博弈的最后，无痛分娩的决定权只能交给产妇的丈夫。

这种默认的规则，不知道葬送了多少姑娘对未来生活的希望。

一位女网友说，生孩子时她疼得受不了了，苦苦哀求她的丈夫签字，或者上无痛，或者直接剖宫产。

在她求了很多次，丈夫也敷衍了很多次之后，他冲她大吼大叫：“你就死了这条心吧！我是说什么也不会给你签字的！别人都能生就你不能生？”

另一位女网友则说，她同事是剖宫产。生产完，人还虚弱地躺在医院的病床上，婆婆和丈夫进了病房，径直对她说：“你看看你，别人生个孩子就花几百块，你要好几千。”

很多女人大概都是在这一刻心死如灰的吧！很多婚姻的最终分崩离析，都始于生产，再具体点说，很大程度上始于分娩方式。

这些如文盲一样的丈夫、婆婆，甚至是一些非亲非故的女性，既无知又野蛮，还固执。

他们坚信必须让女人死去活来一次，才能成为合格的妈妈。

我见过的最奇葩的观点是，一位姑娘生孩子时选择了无痛分娩，她的一位女同事知道后说：“你竟然不想自己生？你竟然不愿意体验一下那种极致的感受？”

这些暗流涌动的集体无意识，时不时地会在孕妇烧伤不打麻醉的新闻里冒头，会在孕妇急产不打麻醉生剖的新闻里露牙，会在丈夫坚决拒签妻子剖宫产手术的事件里袒露出真正的狰狞：你的身体，我做主；你的生命，是为了我的利益存在；你的子宫，是我后代的培养基……

就像我一直强调的，人类文明科技发展的红利，不应该优先用于解决人类最大的切肤之痛——分娩吗？

国内的无痛分娩一直推广缓慢，究其本源，除了以上我们分析的几点原因外，还有一个很重要的外部原因就是国内医院的麻醉科医生很稀缺。一个医院里，往往就那么几位麻醉医生，通常一天要排七八台手术，把这样的稀缺资源匀给产科，是很多医院做不到的，再加上“传统观念”作祟，很多年轻妈妈为了逃避这闻之令人胆寒的疼痛，宁可选择剖宫产。

国内的剖宫产率一度超过了 40%，逼得国家不得不出台相关政策，严格遏制剖宫产率，为每家医院规定了剖宫产率的上限。这样一来，在一些地方医院，出现了想要剖宫产，先去“找关系”的局面——如果无痛分娩能得到更广泛的运用，我相信，国内的剖宫产率也会大幅下降。

当然，说了这么多不好的现状，我们也应该客观地看到，现在有许多医院，哪怕是一些十八线小城市的医院，都有了无痛分娩可供产妇选择。

我们也看到了很多妻子，在自己的小家庭里完全可以为自己做主，选择了对自己、对孩子最好的分娩方式。

我们也看到了很多丈夫高度尊重妻子，在妻子分娩阶段尽心尽责，一切以减轻妻子的痛苦为第一位。生产后，他们积极行动起来，共同育儿，一起度过小家庭的艰难时刻，创造家庭幸福。这些都是真正聪明的男人。

我们也希望，未来有更多的女性可以主宰自己的身体，知道什么是对自己好的；有更多的夫妻，在经历妻子生产后，感情因此升华，小家庭更加温馨和睦。

第九课

成为自己的主角

这种巨大的文化惯性还将持续，直到一套全新的价值观的确立。虽然文化符号中已经不断地浮现出种种讯号，昭示着两性新和谐的历史进程正在加速，但在那一天真正到来前，我们还任重而道远。

繁衍利益

两性在后代繁衍上是有合作也有分歧的。前文已经说过，女性为此付出的风险远远高于男性。

因此，我一直强调的是，真正的平等一定是建立在看到了风险与损失的真相基础之上。

我们先从一个常见的问题入手，人类为什么会重男轻女?

虽然亚洲更为突出，但全世界的社会都有一个漫长的、重男轻女的过程。

有人说这是因为男性在农业社会中承担了较多的劳动，产生的收益较大。实际上，在农业社会里，一个年轻健康、处于生育高峰期的女人的价值要比男人高得多。

劳动力不是唯一因素。

可能有人发现了，生下男孩，留存后代的概率更高。

如果一个男人终其一生尽情生育，历史纪录的峰值来自一位国王，他有 600 多位儿女。而一个女人终其一生尽力生育的话，历史纪录是 16 个孩子。从普遍上来说，9 个孩子已经是女性的生育数量极限了。

在避孕技术发明前，女性的生育是无法自主的，即使遭遇性侵，也可能不得不为性侵犯怀孕并生育。

所以，站在繁衍的角度，一旦生下男孩，这个男孩长大成人后，如果能“四处征战”，经由这个男孩传播出去的自己的基因数量，要比一个女性后代大N倍。从个体来说，获得男性后代，不仅是获得了一个劳动力，更重要的是繁衍自身基因的概率大大提升了。

但如果单纯地从女性的性别繁衍利益来说，生下的女儿才能完整地继承她的线粒体。透过一位女性，人类可以一直追溯到她母系祖先的发源地。因此一些科学家半开玩笑地说：“如果一个女人没有生下女儿，那从她的完整基因层面来说，真的是断代绝后了。”

解决了令很多人费解的“重男轻女”问题后，我们回到现代。随着医学发展，科技进步，男性占据的性别优势逐渐消失，人类已经从一个以数量来维持基因传递的“人海战”时代，转入了以品质为主的“质量为王”时代。生育的选择权再次落入了女性的手里，这是合乎进化规律的。

女性几乎承担了生育中的所有风险，且每一次投入都弥足珍贵。如果没有亲子鉴定，一个男性想逃避生育责任又坐享繁衍利益，是很简单的一件事；而女性，却几乎没有可能假装这个孩子不是自己生的。

为什么中国传统文化有“女人嫁人如第二次投胎”之说？正因为在繁衍中女性付出的代价是非常高昂的。每次生育之后，她下一次选择的余地就更为狭小，除非她愿意抛弃子女。

从生物性的角度来说，雄性几乎无一例外地会对另一个雄性的后代怀有敌意，即使有社会道德等其他因素介入，一个男人抚养前任留下的孩子时，也往往不及亲生的后代精心，所谓“继子得食，肥而不泽”，用在此处也是合适的。

因此正常情况下，女性只要结婚生育，除非配偶很是不堪，她们离婚的意愿往往会远远低于男人。

但是，当下中国的离婚率却逐步上升，且近80%的离婚都是女性主动提出的，这也从侧面反映出太多男性其实并没有做好进入现代婚姻的准备。他们保留了太多的“传统习惯”，思维上也还停留在过去，甚至羡慕过去婚姻里的“甩手掌柜”。

很多现代女性在意识到丈夫根本不能实现共同育儿时，自己的繁衍利益得不到保证，又不是非得仰仗这个男人才能生存下去，她们自然会忍无可忍，选择离开。

因此，符合夫妻双方繁衍利益的做法应该是，彼此忠诚，经济互助，事业与家庭上的时间公平分配，丈夫主动协助育儿，这才是对夫妻双方和下一代都负责任的做法。

文化惯性

其实我已经在前文提及强大的文化惯性，之所以再单列出来讲，是因为目前这真的是非常束缚女性自我发展的一条绳索。

女性权利冉冉上升，男女之间旧的相处模式被打破，但一个全新的平衡时代却尚未到来。

当下的社会，依然是一个男权色彩浓厚的社会。不管是话语权、思想权，还是经济政治权依然为男性垄断，处处可见男性权利凸显的痕迹——这一状况应该还会持续一段历史时期。

文化的延续有着其固有的惯性，当这惯性没有被全新的价值观消弭之前，男女意识上的不平等就不会完全消除。

社会中一直有很多声音，一直在嘲弄女人的不自立和不自强——这实在是很不公平的。这种声音，无视中国女性本身被束缚了数千年这一事实，仿佛一句口号下去，她们就该摸爬滚打立刻化身为事事自理的女强人。

这个群体，被捆绑了数千年，在创造力、思想力、行为力，甚至是财产享有权上，都曾被剥夺得干干净净。

一个人的脚被裹了几年，忽然，裹脚布被解开了，她被要求立刻上场比试，还必须跑得和善于此道的人一样快，跑不快就是不自立不自强，这真的合适吗？

传统文化惯性对女性的打压，不仅存在于家庭，还存在于职场，存在于人们的习惯用语，存在于人们的思维方式，存在于各类媒体，存在于文化符号中……

这种文化惯性的存在，对女性造成的困境是妨碍其独立人格的养成和自我意识的诞生。

一个女婴从出生开始，她的父母就教育她要温顺、乖巧，要做淑女，要言行得当；就教育她要习惯于从属的位置，教育她习惯于躲在父母/男性的身后；教育她把自己的命运交由别人主宰。

另一方面，文化惯性在社会上的体现则是，不断地惩罚自我意识强烈的女性——她们被妖魔化，被贴上非理性的标签。那些不服从指导、越位的女性会被围追堵截、绞杀践踏，服从规则的女性则会被奖励。这种奖惩机制如此明确，对个性张扬的女性永远怒目而视，一旦有机会，就会要她好看。这使得很多女性不得不伪装自己突出的个性，甚至必须巧妙地包装自己的个性。

我们以贝克汉姆的妻子维多利亚为例。实际上，维多利亚算得上一个贤妻良母，她前后生育了 4 个孩子，非常爱她的丈夫。但她每一次宣传自己的事业，都会遭到媒体的嘲笑和讽刺。她张扬独立的姿态——始终坚持不肯做贝克汉姆身后的女人，而非要分庭抗礼，她把自己变成男性社会里的一根芒刺。

男性社会迄今为止依然在执行女性必须处于从属地位的法则——就连希拉里竞选美国总统，都不得不考虑美国是否已经做好了接受一位女性总统的准备。

这种巨大的文化惯性还将持续，直到一套全新的价值观的确立。虽然文化符号中已经不断地浮现出种种讯号，昭示着两性新和谐的历史进程正在加速，但在那一天真正到来前，我们还任重而道远。

荆棘与玫瑰

中国女性自立的道路还很长。

这不仅需要女性自身在自我意识、独立意识上做好准备，还需要社会本身做好准备。

就如我们前文所说，中国女性从诞生之初，就开始“闯关”了：女性胎儿可能被有意识地流产，这种人为性别筛选造成的性别差异已经高达3700万；即使后续顺利降生，如果家庭中不止一个孩子，在家庭资源的分配中，她也可能较少地受到父母的关照；而在家庭劳动中，她们往往会过早地承担家务，被驱使着去照料家庭和自己的兄弟。

其实，让孩子参与家庭劳动本身是无可厚非的，但在中国，女性自幼面临的教育往往是：家务劳作是你的使命、责任和义务，而开拓事业、在外打拼则是男人的事。

我们来数一数，男女在生存权上的差异，受教育权上的差异，在父母期待中的差异，家庭财产权上的差异——各类差距实在是太大了。

有一句流行语是这样的，乡村“凤凰男”对城市“孔雀女”说：“为了和你坐在一起喝咖啡，我奋斗了 20 年。”然而，很多人看不到的是，大量的农村女性，为了和男人坐在一起喝咖啡，大约要奋斗两代人。

很多男性并未意识到他们之所以能在社会中占据更为优越的位置，部分原因是薅夺了自己姐妹的资源与机会。他们觉得这是天经地义的，并因此把女性面对的不公的生存环境倒果为因——女教授少，是因为女孩不愿意接受教育；女政客少，是因为女孩头脑不行，不适合当领导；女领导少，是因为她们不求上进，在事业上没有追求……他们把女性的困境作为“你们女人就是不行”“你们就是不如男人的”的铁证。

为家庭孕育后代，女性有几个月的产假，而作为配偶的男性，有的仅仅是 7 天假期，请问这 7 天够做什么？让女性在生育完孩子之后 7 天就能完全且独立地抚育孩子？于是，很多中国年轻家庭不得不依赖于老人的帮助，很多男人则把养育孩子的责任公开而堂而皇之地推给了女人和家里的长辈。

女性因为生育导致降薪、降职的事情比比皆是，在很多男性眼中，这成了她们“经济不独立”的最佳写照；他们更把女性希望男性协助育儿的要求，推诿成了“你不够自立”。

荆棘密布下，玫瑰馨香。前文已经提过，中国女性的就业率在世界范围内稳居前列，而这样的付出却如羞答答的玫瑰被藏于荆棘深处。很多中国女性，就像蜡烛两头燃烧——一头负责工作养家，一头还要抚育孩子。而在公共语境里，只要一提到女性为生育做出的贡献，就很容易招致“挟子宫以沽价”的嘲笑与谩骂。

仿佛女性若想谈自立自强，就必须抹杀自己因为两性生理差异带来的额外付出，女性似乎只有做到了“上得职场、入得厨房”才能与男性实现真正的平等。这种所谓的“绝对平等”才是一种真正的性别歧视。

什么是真正的平等？是全社会都尊重女性，并能在基本权益上做到女士与儿童优先。

女士优先

我一直强调，女性的强大，意味着种族的强大。

但在父系文明里，母系血统、基因，和母系传承带来的伟大文明，都隐没为了草蛇灰线。

少有人知道，被无数人怀念的中国历史上的隋唐两代，其实与一位女性密不可分。换句话说，隋唐之盛与一位神奇的女性密切相关。

隋朝开国皇帝杨坚之妻和唐朝开国皇帝李渊之妻，都是同一位女性的女儿——她来自清河崔氏。

清河崔氏是中国汉朝至隋唐时期的北方著名大族，最早可追溯到春秋时的齐国公卿，东汉以后成为山东望族，是官方认定的陇上四大家族之首，真正的世家。他们非常重视女性教育，崔家的女儿都是诗书文史极为出众的。其中一位嫁给重臣独孤信的崔家女儿，其人性格坚毅，才华杰出，我们且称她为崔氏。

崔氏一口气生了 7 个女儿，其中一个女儿名叫独孤伽罗，正是隋朝的开国皇后，其丈夫名为杨坚。杨坚能够称帝，独孤伽罗起了巨大的作用，两人并称“二圣”。独孤伽罗与杨坚的儿子，就是隋炀帝杨广。

独孤伽罗的四姐独孤曼陀嫁给了唐国公，生了个儿子，名叫李渊。

后来，李渊抢了表弟杨广的江山。杨广的族妹杨氏在隋朝灭国后，嫁了个商人，以 40 多岁的高龄生了一群女儿，其中一个叫武则天，后来嫁给了李渊的儿子李世民。

李世民死后，武则天改嫁李渊的孙子、李世民的儿子李治，后来自己称帝，改国号为周。

对于崔氏来说，两个最强大的朝代都流淌着她的血脉——隋朝是我外孙的，唐朝也是我外孙的——中国最鼎盛的王朝，那强悍的实力、海纳百川的气度，里面都若隐若现地闪耀着崔氏的影子。

母亲强盛，一个民族则强盛；而母亲的数量足够，一个民族才能不断繁衍——这是智者先贤早已总结出的经验，所以，真正有智慧的民族都会遵守一个基本规则：女士优先。

说到种群繁衍，我们讲句题外话。根据相关研究，一个种群必须拥有 80 个以上的个体才能实现繁衍，不至灭绝，并且这 80 个个体中雌性必须达到一定的数量才行。

简单点说，在某个未来的世纪里，假若这世界上只剩下 80 个人类，包括 79 个男人，1 个女人，对不起，人类注定会灭绝；假若是 70 个女人，10 个男人，那么人类还有希望。

在人口尚不密集的古代，每一个女性都意味着人类宝贵的繁衍机会。这种古老的认知慢慢演化成一种礼仪，在欧洲文明中逐渐凝结为骑士精神——以捍卫女性、保卫女性为使命和荣耀。泰坦尼克号沉没时，绅士们让妇女和儿童先行，就是这种精神的体现。这种“牺牲”是一种高尚的行为，而这种高尚，来自对人类最高利益的认同：女性和孩子的存活则意味着人类的未来。

一部北极纪录片中有一个让人玩味的细节。食物极度匮乏的季节里，小母熊捕捉不到食物，在它附近的一只公熊捉到了一只海象，小母熊跑过去进食，公熊极有可能将它杀死。但最终，公熊允许它进食了。也许那只公熊的本能遏制住了它的杀戮行为——对方是雌性，将来可能会孕育我的孩子，所以，我应该忍让它。

绝大多数生物在原本不易的生存环境里，都遵循了古老的礼仪，会对雌性进行礼让。而现代之国人，竟然有人对这一基本自然法嗤之以鼻，甚至认为，重提女士优先，重提对女性权益的保护，就是为女性广开特权之门，是女性妄图不劳而获的佐证。

所谓两性平等，并不意味着女人必须和男人完全一样。看到并尊重女性为整个族群做出的奉献与牺牲，并给予相应的优待和尊重，这是平等的起点。

走向平等

哈耶克认为，没有一种秩序是人类理性做出的选择，而往往是集体行为导致的后果。

最初男权的兴起，部分原因可能是女性权利的自愿让渡。女性交出性自由以换取男性的庇护和稳定，以期共同抚育后代，这种方式在生产力低下、物质匮乏的古代，是两性权益最大化的结果。

然而 21 世纪，有两大因素决定了全新的繁衍价值观正在形成。

首先，人类从体力劳动中解放出来了。机械取代了人类劳动，劳动密集型产业的退化，让人口数量不再是一个国家强盛与否的指标，社会就业中体力的优势也不复存在。

其次，人类有了避孕和安全堕胎的技术。这样一来，女性繁衍的自主权就完全掌握在自己手里了。从经济上来说，男性的庇护和支持也不再是必需品。这不仅体现在高福利国家，甚至在我国这种福利保障尚不健全的地方，女性如果横下心来想独立抚养孩子，也是完全可能的。

除此之外，人类发现，孩子的数量与基因传播的优势之间，并不是正相关的——一对夫妻生育八九个孩子，往往使家庭资源分散，每个孩子都得不到好的照料，与同代人的竞争力反而变弱了。与其如此，不如集中家庭资源，仅仅养育一两个孩子，这样一来，下一代反而在同龄人中更有竞争优势。

何况21世纪，生男孩和生女孩已经没有繁衍利益上的区别了，甚至生女孩为父母带来的保障利益更大。古语有言，“丑女不愁嫁”，何况面对国内现在3700万的人口性别差？女性的繁衍优势在这个时代逐步凸显，而男性的繁衍优势则逐步丧失。女性权益的兴起是历史发展的必然。不管是物质还是安全，当女性都不再仰赖于男性的支持后，女性的独立则是必然的。

所谓的平等与权利，并不是谁能够给予谁的；所谓平等与自由，既不是男人统治女人，也不是女人胜过男人，更不是女性必须出门就业，男性必须回归家庭，它的实质含义是：两个性别，互相尊重，共谋发展，协作共赢，在拥有充分选择的基础上，自由地选择她或他喜欢的人生。

跋·祝福 （教育博主 午后的水妖）

无处不在的谎言

电梯间的整形广告说：你太胖，你太黑，你有毛毛，你不够好。

广为流传的流行音乐说：只有被喜欢，你才有价值；只有被爱，你的生命才有意义。

电视里播放的连续剧说：只有结婚、生子，你才能找到人生的真谛；只有被另一个人需要，你才算没有白活。

书本里的故事说：只要不被人爱上，你就无法成为主角，就只能在别人的故事里成为陪衬。

手机里的消息说：没有人想知道你的梦想，没有人在乎你的渴望，更不会有人期待你成为宇航员、工程师、科学家、医学家或政治家，人们只想让你待在家里做好打扫房间和生儿育女的工作。

……

以上，全都是谎言。它们，把你视为零件；它们，妄图把你的人生固定在一个预设好的轨道上。

这细微的、不为人察觉的谎言日夜循环，在你的灵魂里设下了一道道封印，让你以为自己“不可能”“做不到”，最终变成“不敢想”。

而我们，之所以不断学习，努力向上，争取独立，正是为了破除这些桎梏，将我们的创造力、想象力从这些束缚中解放出来，在一次次的实际演练中拥有更为强大的力量，在一次次的冒险中获得更为充沛的勇气，在一次次的成长中赢得不断扩张的疆界。

打破这些谎言，你才能看到生命本来的样子。

成为爱的主体

不要因为别人嘴里的“可爱”和“讨人喜欢”而心满意足，不要试图取悦他人，不要被夸奖和赞美控制身心，不要用他人的目光来雕刻自己的身躯和灵魂。你要先成为你自己，才能去爱。

这个世界将爱“窄化”为仅有的几种，并充满了控制。

总要经过至少一年左右的时间，你才能学会不再对“爱”发笑；总需要更多的时间，你才能从爱里发现无限的可能和生命的丰盛。你要不断练习，为爱解绑，并离开客体身份和别人为你设定好的位置，你要成为爱的主体，在同情、给予和节制中习得爱的智慧。一旦成为独立的个体，你会拥有权柄和力量，能与他人建立联系并能设定彼此间的界线。这种“联系”是多种多样的，爱情只是其中的一种。

因此，你要学会不被爱情吞噬，在爱别人之前，先学会爱自己。珍视自己的意愿，倾听自己的感受，不用牺牲身体和意志来取悦任何人，也不为任何人让渡自己的权利，牺牲自己的未来。

只有充分爱自己的人，才能对他人发展出健康的爱，在浪涛中勇敢站立，坚持自己的梦想，执着于自己要去的方向。如此，才谈得上彼此平等、相互尊重。

从公主到女王

女孩，你贴近我的胸口，在我的心跳中呼吸，口水打湿我衣襟。为了保护你，让你成为公主，我成了吼叫的狮子、独立的女王。我用双臂拥抱着你，如同拥抱丘陵、海洋和天空。在你尚未闭合的头颅上，已经有了为加冕预备的额头。

在一群懵懂的小孩中，你昂然而立。挺拔的身板，高挑的身材，你卓尔不群。灿烂的笑声让你成为班级里的一股清风，洋溢着青春的气息。

看着你，我仿佛听见生命拔节的声响：成长啊，美好的生命正在成长。发育的旋律在她的身躯中奏响，热烈而丰盛，另一个更为强健有力的生命正在破茧而出。

这就是你，从公主变成女王的女孩们。

然而在你骄阳般的生命里，却有着让我心疼的阴影。你每天所接触信息，不断将你们带往误区。你那如成人般的躯体里，依然住着一个幼儿的灵魂。面对身体这仿佛迅猛扩张的领土，你就像刚刚即位的年幼女王，茫然又困惑。你对身体发生的变化手足无措，手中的权杖不知该放在何处。

有时，你会含胸弓背，希望人们能忽略那渐渐隆起的山峰；当众讲话时，你局促扭捏，两只手不知该往哪里放才好；甚至你将月经当成不能宣之于口的禁忌，用一个黑色的塑料袋或草稿纸包好卫生巾就匆忙赶往洗手间。

亲爱的，你是自己身体的王，国界的扩张是大自然对你的嘉奖。作为王，你理应了解国土上发生的一切，有责任照顾、管理好你的国土。这样丰盛的生命，我们理应满怀感恩和喜悦地领受，然后行使自己的权力。

太多黑暗的势力，妄图越过你的管辖，控制你的国土。请一定阻止它们，挫败它们的阴谋——你有权拒绝任何入侵你国土的力量，因为你才是那个说一不二的王。

掌管你的“国土”

王啊，你要掌管自己的国土，要洞悉其中的宝藏和泉源。这毫不羞耻。

你需要通过正规的科学信源来了解自己的身体和那里正在发生的变化。

你要了解性知识：身体的构造、机体运行的法则、性的欢愉和与之伴随的危机。

你还需要了解生育的机制、过程和风险，然后再思考是否在生育这个可选项上打钩。

你更需要了解并掌握避孕方法，在你没有勇气和力量命令对方采取避孕措施时，你就不适合发生性关系。

不要以为你不知道，就能避免这些问题和它们带来的困扰。黑暗笼罩之处，通常就是罪恶流淌之地。女性性教育越匮乏的地区，性伤害和性欺骗就越是高发。父母试图阻断孩子获得性知识的途径，恰恰让孩子成了不轨者的盘中餐。

不要相信那些以弱为美的变态审美要求，它们是摧毁你力量的魔鬼。实际上，没有任何人有权对你指手画脚，没有任何真正爱你的人会希望你变得孱弱、单薄、纤细和娇柔。你需要强壮的骨骼，你需用从雌激素手中抢夺肌肉，你能享受机体爆发带来的畅快，你能感受冲破极限带来的巅峰体验。答应我，从别人的口舌中拯救自己，在自己的领土上行使自己的主权。

无论如何，都不要放过任何学习的机会，尽你的一切力量去学习、去成长、去改变这个世界，这是你无法逃脱的责任，是你无法放弃的战场。

你还要去往更广大的世界，看到那些在高空中飞翔的女性，那些自由奔跑的女性、创造不息的女性、坚韧抗争的女性，然后成为她们中的一员。

去吧，那是你的世界。那里有值得你为之努力的一切——权柄、力量、爱，我祝福你，祝福你拥有美好的一切！